U0300797

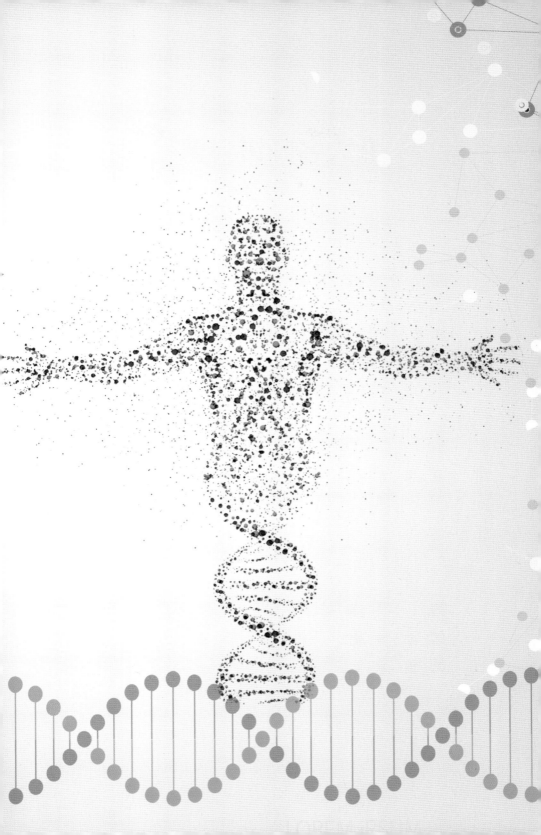

北大名师讲科普系列
编委会

本册编写人员

编　　　著： 邹　鹏

核 心 编 者： 李　茜　陈燕惠

其 他 编 者： 唐灵芳　郭妍如　汪歆之　陈潭升

于　璇　冀　静　魏　丽

北大名师讲科普系列

丛书主编　方方　马玉国

北京市科学技术协会
科普创作出版资金资助

探知无界
生命的化学

邹鹏　编著

北京大学出版社
PEKING UNIVERSITY PRESS

图书在版编目（CIP）数据

探知无界：生命的化学 / 邹鹏编著 . -- 北京：北京大学出版社，2025. 1. --（北大名师讲科普丛书）. -- ISBN 978-7-301-35356-1

Ⅰ. Q5-49

中国国家版本馆 CIP 数据核字第 2024RG4333 号

书　　　名	探知无界：生命的化学
	TANZHI WUJIE：SHENGMING DE HUAXUE
著作责任者	邹　鹏　编著
丛 书 策 划	姚成龙　王小恺
丛 书 主 持	李　晨　王　璠
责 任 编 辑	张玮琪
标 准 书 号	ISBN 978-7-301-35356-1
出 版 发 行	北京大学出版社
地　　　址	北京市海淀区成府路 205 号　　100871
网　　　址	http://www.pup.cn　　新浪微博：@ 北京大学出版社
电 子 邮 箱	编辑部 zyjy@ pup.cn　　总编室 zpup@ pup.cn
电　　　话	邮购部 010-62752015　　发行部 010-62750672　　编辑部 010-62754934
印 　刷　 者	北京九天鸿程印刷有限责任公司
经 　销　 者	新华书店
	787mm × 1092mm　　16 开本　　7.75 印张　　73 千字
	2025 年 1 月第 1 版　　2025 年 1 月第 1 次印刷
定　　　价	48.00 元

总　序

龚旗煌

（北京大学校长，北京市科协副主席，中国科学院院士）

科学普及（以下简称"科普"）是实现创新发展的重要基础性工作。党的十八大以来，习近平总书记高度重视科普工作，多次在不同场合强调"要广泛开展科学普及活动，形成热爱科学、崇尚科学的社会氛围，提高全民族科学素质""要把科学普及放在与科技创新同等重要的位置"，这些重要论述为我们做好新时代科普工作指明了前进方向、提供了根本遵循。当前，我们正在以中国式现代化全面推进强国建设、民族复兴伟业，更需要加强科普工作，为建设世界科技强国筑牢基础。

做好科普工作需要全社会的共同努力，特别是高校和科研机构教学资源丰富、科研设施完善，是开展科普工作的主力军。作为国内一流的高水平研究型大学，北京大学在开展科普工作方面具有得天独厚的条件和优势。一是学科种类齐全，北京大学拥有哲学、法学、政治学、数学、物理学、化学、生物学等多个国家重点学科和世界一流学科。二是研究领域全面，学校的教学和研究涵盖了从基础科学到应用科学，从人文社会科学到自然科学、工程技术的广泛领域，形成了综合性、多元化的布局。三是科研实力雄厚，学校拥有一批高水平的科研机构和创新平台，包括国家重点实验室、国家工程研究中心等，为师生提供了广阔的科研空间和丰富的实践机会。

多年来，北京大学搭建了多项科普体验平台，定期面向公众开展科普教育活动，引导全民"学科学、爱科学、用科学"，在提高公众科学文化素质等方面做出了重要贡献。2021年秋季学期，在教育部支持下北京大学启动了"亚洲青少年交流计划"项目，来自中日两国的中学生共同参与线上课堂，相互学习、共同探讨。项目开展期间，两国中学生跟随北大教授们学习有关机器人技术、地球科学、气候变化、分子医学、化学、自然保护、考古学、天文学、心理学及东西方艺术等方面的知识与技能，探索相关学科前沿的研究课题，培养了学生跨学科思维与科学家精神，激发学生对科学研究的兴趣与热情。

"北大名师讲科普系列"缘起于"亚洲青少年交流计划"的科普课程，该系列课程借助北京大学附属中学开设的大中贯通课程得到进一步完善，最后浓缩为这套散发着油墨清香的科普丛书，并顺利入选北京市科学技术协会2024年科普创作出版资金资助项目。这套科普丛书汇聚了北京大学多个院系老师们的心血。通过阅读本套科普丛书，青少年读者可以探索机器人的奥秘、环境气候的变迁原因、显微镜的奇妙、人与自然的和谐共生之道，领略火山的壮观、宇宙的浩瀚、生命中的化学反应，等等。同时，这套科普丛书还融入了人文艺术的元素，使读者们有机会感受不同国家文化与艺术的魅力，如云冈石窟的壮丽之美，从心理学角度探索青少年期这一充满挑战和无限希望的特殊阶段。

这套科普丛书也是我们加强科普与科研结合，助力加快形成全社会共同参与的大科普格局的一次尝试。我们希望这套科普丛书能为青少年读者提供一个"预见未来"的机会，增强他们对科普内容的热情与兴趣，增进其对科学工作的向往，点燃他们当科学家的梦想，让更多的优秀人才竞相涌现，进一步夯实加快实现高水平科技自立自强的根基。

目录 CONTENTS

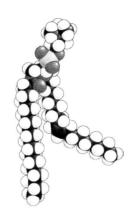

导　言

什么是生命化学

⠿　一、化学与生物学

　　传统化学通常是在试管、烧杯等器具中研究物质的变化，并探索其背后的化学反应机理。

知 识 链 接

　　化学反应机理：通过一系列的基元反应描述化学总反应中物质转化的详细过程，包括过渡态的形成、键的断裂和生成，以及各步的相对速率大小等。完整的反应机制需要考虑反应物、催化剂、反应的立体化学、产物及各物质的用量等。

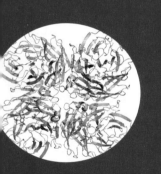

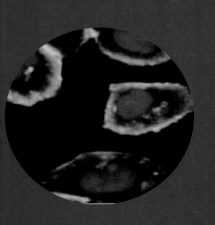

　　感兴趣的读者可扫描二维码观看本课程视频节选

然而，在过去的二十多年里，化学与生命科学之间的交叉日益加深。如果我们将诺贝尔化学奖视为一个风向标，那么值得注意的是，在过去的二十多年中，诺贝尔化学奖有一半颁给了在生命科学相关研究领域中做出杰出贡献的科学家或团队。例如，2003 年，诺贝尔化学奖授予对与神经科学密切相关的离子通道研究做出开创性贡献的科学家；目前市场上近一半药物的作用位点，即药物靶点是位于细胞膜上的 G 蛋白偶联受体（GPCR），2012 年，诺贝尔化学奖授予对 GPCR 的研究做出卓越贡献的科学家。除此之外，还有分子生物学的中心法则，即遗传信息由 DNA 转录为 RNA，最终"翻译"为蛋白质的过程。这一过程涉及 RNA 聚合酶和核糖体这两个重要的蛋白质分子机器。RNA 聚合酶是由多个蛋白质亚基组成的复合物，在其作用下 RNA 在细胞中以 DNA 的一条链为模板进行合成。核糖体由蛋白质和 RNA 构成，负责以信使 RNA（mRNA）序列为指导进行蛋白质的合成。2006 年和 2009 年的诺贝尔化学奖分别授予对 RNA 聚合酶和核糖体的研究有突出贡献的科学家。

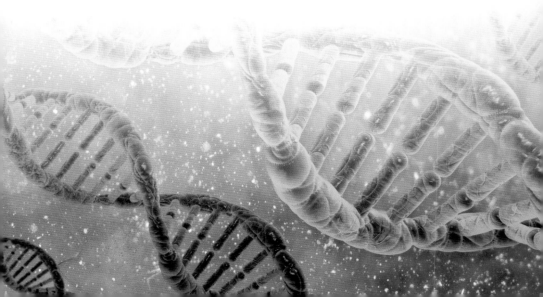

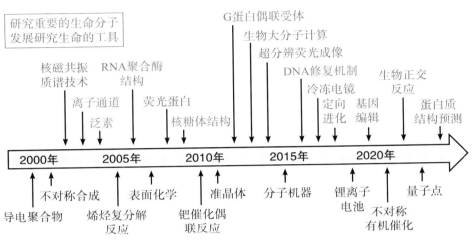

21 世纪的诺贝尔化学奖获奖人贡献

 知 识 链 接

1. 神经科学

神经科学是一门研究神经系统（包括大脑、脊髓、神经元和神经电活动等）的学科，它融合了生理学、心理学、计算机科学、哲学等多个领域的知识。从研究角度来说，神经科学包括分子、细胞、系统和认知四个层次。

神经科学旨在研究神经系统的结构、功能及其与疾病的关系，探索大脑如何接收、处理和存储信息，以及神经系统如何调控机体的行为。神经科学是一个应用广泛的学科，其研究成果在医疗、教育、金融、科技等多个领域都发挥着重要作用。随着科技的进步和研究的深入，神经科学的应用前景将更加广阔。

2. 药物靶点

药物靶点是指药物在体内的作用结合位点，包括基因位点、受体、酶、离子通道、核酸等生物大分子。这些靶点作为药物作用的特定位置，通过与药物结合，影响或改变其正常的生理活动，从而实现疾病治疗。

药物靶点研究是药物开发的重要基础。通过深入研究疾病发生和发展的分子机制，发现新的药物靶点并开发有针对性的药物，是当前医学研究的重要方向之一。

科学的发展离不开技术的进步。除了研究具体的生命分子，化学家们还开发了一系列新的分析技术，如冷冻电镜和超分辨荧光成像。这些技术使得人们能够以前所未有的分辨率研究生命分子与细胞的精细结构。

长期以来，化学与生物学是两个紧密相连且相互交融的学科，它们之间有着密切的关系并且相互影响。

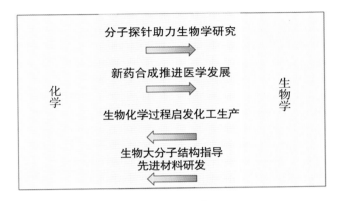

化学与生物学

我们接下来再考虑一个典型的生命现象——模式生物斑马鱼的受精卵细胞发育过程。下图展示了斑马鱼的受精卵细胞经过生长、分裂、分化等过程，最终发育成鱼的形态。

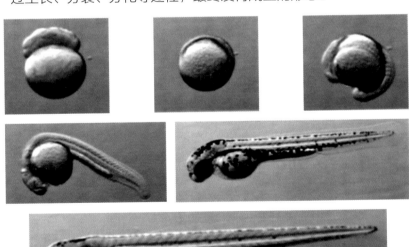

斑马鱼的受精卵细胞发育过程

　　扫描二维码观看斑马鱼的受精卵细胞发育过程的视频，你还可以看到许多细胞仿佛受到无形的引导，前往它们"应该"去的地方。

　　显然，在这些细胞之间存在着信息交流。然而，细胞之间进行信息交流所使用的语言究竟是什么？需要借助哪些分子？这些分子又出现在哪里？有多少？长期以来，这些问题都是人们探索的课题。如果我们希望寻求这些问题的答案，则需要从分子的角度出发，想象自己置身于细胞内部，以理解细胞之间是如何进行信息交流的。而化学则能够为我们提供在实验室中合成各种各样的化学分子的机会，这些分子可以进一步帮助我们解析细胞内的活动。

　　传统化学与生命科学的交叉体现在两个层面上。第一个层面是通过研究生命现象背后涉及的化学分子和化学反应来探究生命过程，即将原本存在于生物体内的这些分子和反应置于化学家熟悉的实验环境中，以仔细研究这些反应的速率、所需条件，以及它们背后的重要化学性质，涉及热力学和动力学等。第二个层面则是利用化学家在实验室合成的各种分子，将其作为"化学探针"引入生物体内。这些来自实验室的化学物质能够帮助我们研究生命过程中涉及的一系列化学变化。

 知 识 链 接

　　化学探针指的是一种能与特定靶分子（如 DNA、RNA、蛋白质等）发生特异性相互作用的分子。根据探针的性质和用途，可以将其分为多种类型，如 DNA 探针、金属离子探针和有机小分子探针等，它们各自具有不同的特性和应用场景。
　　化学探针广泛应用于药物研发、疾病诊断与治疗、基因表达分析、生物分子相互作用研究以及环境监测等多个领域，成为揭示生命奥秘和解决实际问题的重要工具。

⠿ 二、生命化学

传统化学专注于物质的结构、性质、变化规律及其与能量的关系，为我们揭示了无数化学现象的奥秘。在传统化学的实验室中，科学家们通过称量、混合、加热等步骤，创造新的物质或是优化现有的化学反应条件。这些基础性的研究不仅推动了化学理论的发展，也为材料科学、能源技术、环境保护等多个领域提供了坚实的支撑。

然而，当化学的触角深入生命体系时，我们迎来了一个全新的领域——生命化学。生命化学，顾名思义，是研究生命现象中化学本质的科学。它不仅仅关注生命体系中的物质组成和化学反应，更深入挖掘这些反应如何协同工作，以维持生命的存在与繁衍。在生命化学的世界里，酶、蛋白质、核酸等生物大分子成为研究的焦点。它们通过复杂的相互作用和调控机制，构建了生命体系的精密网络。生命化学的研究不仅让我们对生命的本质有了更深刻的理解，也为疾病治疗、药物研发、基因编辑等前沿科技提供了关键的理论基础和技术支持。

具体而言，生命化学涉及以下问题的研究。

（1）分子结构：探究构成我们身体的所有分子的结构。

（2）分子相互作用：研究生命活动背后分子之间复杂的相互作用及其如何支撑复杂的生命现象。

（3）分子合成与降解：了解分子在细胞中是如何合成、组装和降解的。

（4）能量转化：研究生物体储存和利用能量的方式，以及能量在生物体内的转化过程。

（5）遗传信息传递：探究遗传信息在细胞内的存储、传递和表达方式。

通过理解这些生命化学的研究，我们可以更好地认识人类自身。最终，这些研究也有助于回答人类的根本问题：我们从何而来？我们是谁？我们将何去何从？因此，本书首先讲述"生命的起源"，并以化学的视角来探讨物质形成生命的过程。

导言

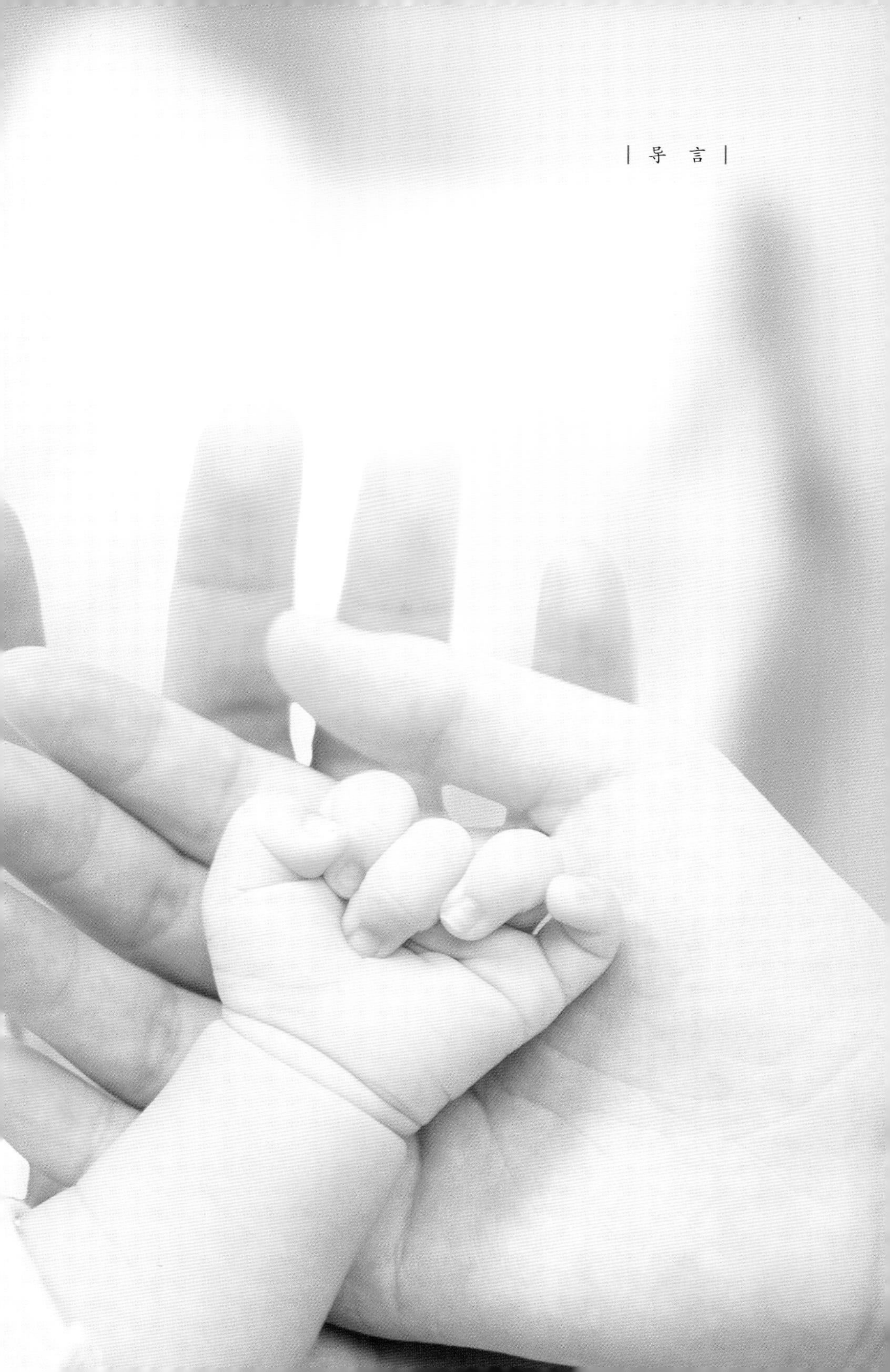

第一讲

生命的起源

⠿ 一、地球早期生命

我们所居住的地球诞生于约 46 亿年前。在漫长的历史演化过程中，地球上逐渐产生了生命。目前我们所能寻找到的最早的生命迹象来自于下图所示的"古细菌"化石。

科学家通过研究"古细菌"化石发现，地球上的生命最早出现于 34 亿年前。经过十几亿年的演化，地球上的生命才逐渐多样化。生命是由一系列复杂的有机化合物和无机化合物组成的奇迹。

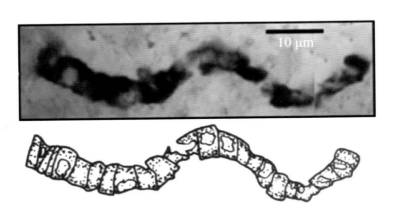

"古细菌"化石

知识链接

1. 有机化合物

有机化合物是指含有碳元素的化合物，但并非所有含碳元素的化合物都是有机化合物。例如，碳的氧化物（如一氧化碳、二氧化碳）、碳酸、碳酸盐、氰化物等被视为无机化合物。有机化合物一般难溶于水，其熔点、沸点等物理性质通常比较低，且常具有可燃性、挥发性等特点。有机化合物在化学性质上较为复杂，具有较强的活性。

有机化合物在生命科学、医药、农业和材料科学等多个领域中具有重要的应用价值。例如，生命科学中的生物大分子（如 DNA 和蛋白质）都属于有机化合物；医药领域中的许多药物也都是有机化合物的反应及合成产物；在农业领域，如一些化肥、农药等也是有机化合物；在材料科学中，聚合物、橡胶、塑料等也都是由有机化合物制备的材料。

2. 无机化合物

无机化合物是指不含碳元素或虽含碳元素但性质与无机化合物相似的化合物，如氯化钠、氧化钙、碳酸钠等。无机化合物具有多种物理性质，如大部分无机盐熔点、沸点较高，密度较大等。无机化合物的化学性质相对稳定，不易燃，化学反应种类相对较少。无机化合物主要应用于材料科学、电子器件、催化剂等领域，例如，金属氧化物在太阳能电池中的应用、硅在半导体材料中的应用等。

来自于有机化合物和无机化合物的不同种类的微粒通过相互作用，构成了生命的复杂性和多样性。其中，无机化合物在生命中扮演着重要角色。例如，水是生命存在的基本条件，它参与几乎所有的生物化学反应，是细胞内环境的主要成分。此外，无机盐（如钠盐、钾盐、钙盐等）对于维持细胞内外的离子平衡、神经传导和肌肉收缩等生理功能至关重要。

构成生命的有机化合物中，最重要的四大类分别是蛋白质、核酸、糖和脂质。

蛋白质是生命活动的主要执行者，是由氨基酸构成的聚合物。它们参与细胞的构建、信号传递、酶的催化作用等多种生物学过程。

核酸包括脱氧核糖核酸（DNA）和核糖核酸（RNA）。与蛋白质类似，DNA 和 RNA 都是聚合物，构成 DNA 和 RNA 的单体分别为脱氧核糖核苷酸和核糖核苷酸。脱氧核糖核苷酸由脱氧核糖、碱基和磷酸基团组成，核糖核苷酸由核糖、碱基和磷酸基团组成。DNA 和 RNA 是遗传信息的载体。

根据分子生物学的中心法则，DNA 携带着生物体的遗传指令，通过转录过程指导 RNA 的合成，进而控制蛋白质的合成，从而影响生物体的形态和功能。

糖是生命的能量来源，它们可以是单糖、多糖或更复杂的结构。在细胞中，它们不仅提供能量，还构成细胞结构和参与信号传递。

脂质是细胞膜的主要成分之

一，它们不仅储存能量，还保护细胞免受外界环境的伤害。脂质是一类难溶于水但易溶于非极性有机溶剂的生物有机分子的总称，又称脂类。

脂质在生物体内的分布非常广泛，在细胞干重中所占比例仅次于蛋白质。与糖类、蛋白质和核酸一样，脂质是生物体内一类非常重要的有机分子，在生命过程中发挥不可或缺的关键作用。

值得注意的是，构成生命的分子究竟是如何产生的？这些分子又是如何组装在一起的？在分子组装的过程中，能量又是如何提供的呢？人们对这些问题一直充满兴趣，并且进行了激烈的争论，因为这些问题的难点在于：几十亿年过去后，我们无法完全重现地球上已经发生的化学演化过程。然而，在地球形成之初，其表面环境极其恶劣，高温、火山活动频繁，大气层主要由水蒸气、氢气、氨气、甲烷等简单气体组成。

知识链接

分子组装是指若干分子在范德华力、氢键、静电力、疏水效应等非化学键相互作用下形成某种有序结构聚集体的过程。

分子组装是化合物从分子走向材料的关键步骤之一，经分子组装构筑的材料在刺激响应材料、自修复材料、光电功能材料以及生物医用材料等领域获得广泛应用。

人们试图在实验室中通过一些简单的化学反应来模拟地球早期的大气和海洋环境，以期通过这些实验初步解答"地

球上的分子是如何产生和形成的"这一问题。研究人员使用
了两个互相连通的球形容器，其中一个装满了水，另一个充
满了甲烷、氨气、氢气、硫化氢等气体。然后，他们在充满
气体的球形容器中，放置了一对电极，通过施加高压电使其
产生电弧放电，并通过加热等方式提供能量。最终，他们在
冷凝的溶液中发现了氨基酸、碱基以及一些醛类化合物。后
来的重复实验表明，通过改变能量供应条件，如使用 γ 射线
或紫外光照射而非电弧放电，能在实验室环境中合成全部 20
种常见氨基酸和构成核酸的 5 种碱基。

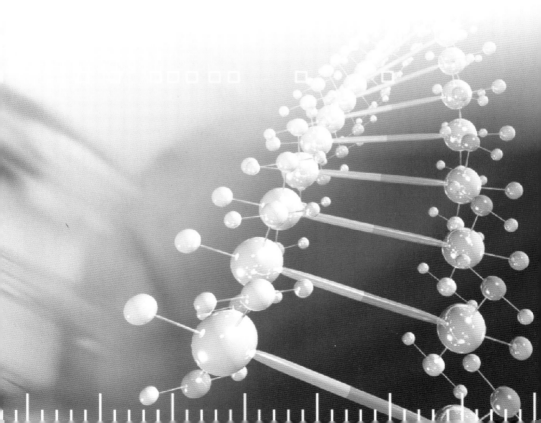

⠿ 二、生物分子

这样一来，我们似乎对于地球早期进化过程中氨基酸和碱基的起源有了初步的答案。然而，仅有这些小分子化合物还远远不足以构成生命，因此自然界还需要采取其他策略来创造更复杂的大分子化合物。例如，将这些小分子化合物彼此之间通过共价键连接，使它们逐个串联起来形成聚合物。典型的例子包括蛋白质和核酸，二者都属于高分子聚合物。

1. 小分子化合物

小分子化合物是指相对分子质量小于 1000 Da（1 Da ≈ 1.66054×10^{-27} kg）的化合物。在生命体中，小分子化合物主要包括各类新陈代谢产物，从最小的氧气分子、水分子，到葡萄糖、氨基酸，甚至到更大一些的胆固醇、萜类化合物等。它们具有丰富的化学结构和特定的生物活性。其中一些小分子化合物是聚合形成大分子化合物所需要的单体。

2. 大分子化合物

大分子化合物是指相对分子质量较大的物质，其原子之间由共价键或非共价键紧密连接而成。生命体中的大分子化合物主要是蛋白质、核酸、多糖等高分子聚合物。它们分别由氨基酸、核苷酸、单糖等单体通过脱水缩合形成。这些化合物往往具有特定的立体化学结构，通过彼此间的相互作用或化学反应来执行生物学功能。

3. 聚合物是指相对分子质量高达几千到几百万的高分子化合物。

构成蛋白质的单体分子是氨基酸，它们通过脱水缩合形成肽键，并通过肽键连接形成肽链，称为蛋白质的一级结构。在此基础上，肽链进一步加工折叠，形成具有二级结构、三级结构与四级结构的蛋白质。

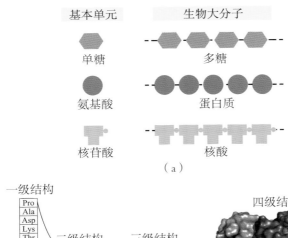

（a）

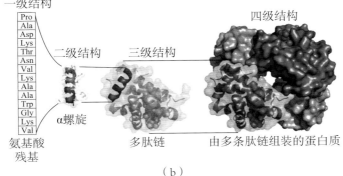

（b）

蛋白质的化学结构

　　构成核酸的单体分子是核苷酸，它们通过脱水缩合形成磷酸二酯键，核苷酸通过磷酸二酯键连接，形成核酸单链。DNA 的两条核酸单链之间通过碱基配对形成氢键，并扭曲螺旋而成双螺旋。

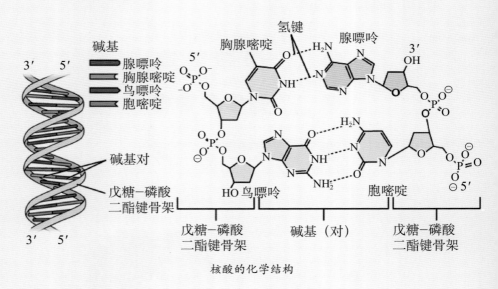

核酸的化学结构

　　此外，糖类也采用类似的连接方法，即通过单糖之间脱水形成糖苷键。根据化学结构的不同，糖类可以分为单糖、二糖和多糖三大类。

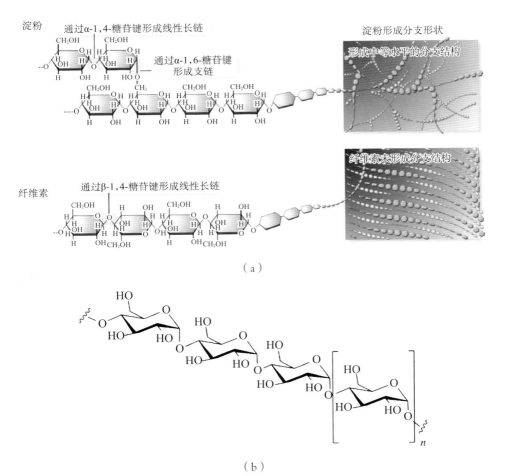

（a）

（b）

多糖的化学结构

脂质则采用了另一种策略，通过非共价相互作用形成分子聚集体。具有两亲性的脂质分子间通过疏水效应相互靠近，形成胶束或细胞膜等结构。

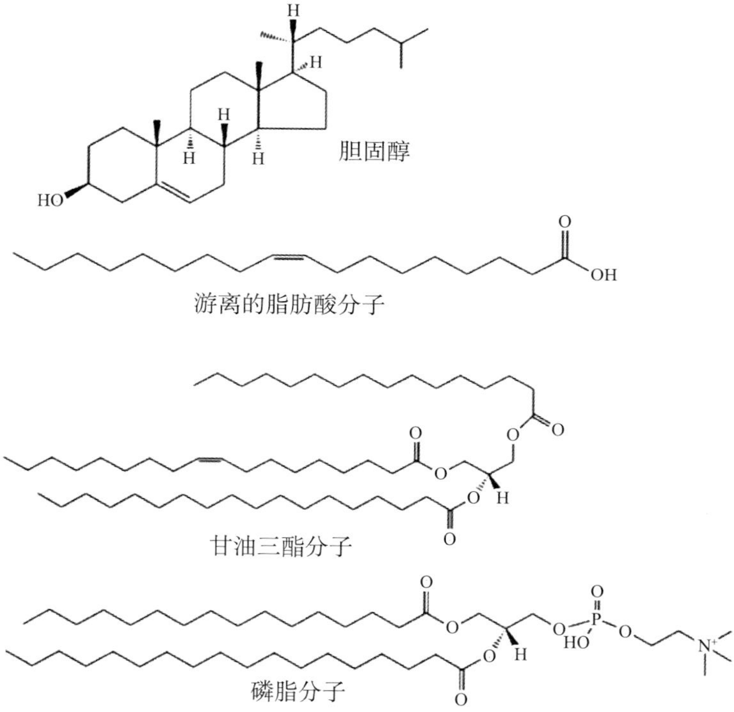

（a）

脂质的化学结构

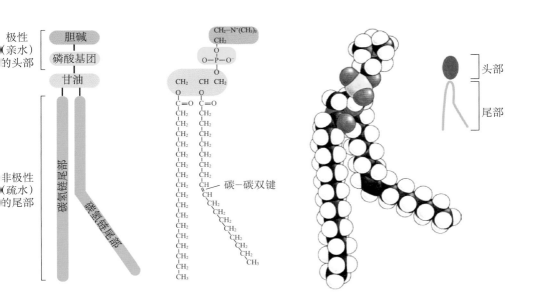

（b）

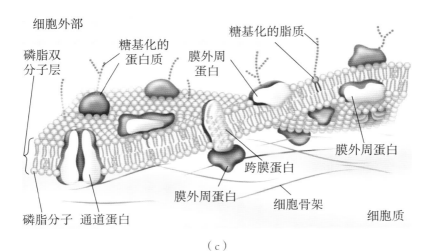

（c）

脂质的化学结构（续）

1. 非共价相互作用

非共价相互作用指的是分子间或单个的分子内部通过范德华力、氢键、静电力、疏水效应等来维系一定的空间结构的一种作用。非共价相互作用不涉及电子共享。

2. 两亲性

两亲性指的是分子同时具有亲水性和亲油性的特性。这种性质是由分子中的特定基团所决定的。亲水性和亲油性是两种相反的性质，分别表示分子与水或其他极性溶剂以及非极性溶剂（如油脂）之间的相互作用能力。

3. 胶束

胶束指的是由表面活性剂分子组成的胶状团聚体，其中水溶性的头部朝向水相，疏水性的尾部朝向胶束内部，形成了一种特殊的结构。

脂质分子形成的细胞膜雏形能将溶液分为内外两个不同的区域，从而使得早期形成的微球能够通过膜的包裹抵御外界环境的影响，为微球内代谢途径的建立提供了一个稳定的内部环境。在这些封闭的膜结构内，有机分子开始进行简单的代谢反应，这些反应是生命活动的基础。

早期的代谢反应可能不需要酶的催化，但随着 RNA 分子的出现，它们开始承担催化作用。RNA 分子因其具备存储遗传信息和催化化学反应的能力而被认为是早期生命的关键组成部分。这一阶段被称为"RNA 世界"，RNA 分子通过自我复制和催化其他分子的合成来维持生命活动。

随着 RNA 分子的复制和演化，更复杂的遗传机制逐渐形成。DNA 作为更稳定的遗传物质出现，它由 RNA 演化而来，并逐渐取代了 RNA 在遗传中的角色。这一转变使得遗传信息的存储和传递变得更加可靠。微球内富集的有机分子和无机分子开始进行相互关联的化学反应，包括光合作用和呼吸作用等。光合作用能够利用太阳能将无机化合物转化为有机化合物，并将光能转化为化学能储存在糖中。呼吸作用释放糖中的化学能，这种化学能用以支持其他生命活动。

 知 识 链 接

1. 光合作用

光合作用是指绿色植物、藻类利用光能将二氧化碳（CO_2）和水（H_2O）等无机化合物合成有机化合物（主要是碳水化合物）并释放氧气（O_2）的过程。深入地研究光合作用的机制和应用，对于应对人类面临的诸多挑战（如粮食安全、环境保护和可持续发展等）具有重要的意义。例如，提高光合作用的效率，可以增加作物的产量，从而解决粮食安全问题。

2. 呼吸作用

呼吸作用是指生物细胞通过结合氧和葡萄糖获得能量，并

释放二氧化碳、水和三磷酸腺苷的生物化学作用。呼吸作用在生态系统的碳循环中起着重要作用。测量生物体的呼吸速率和碳释放量等指标，可以评估其对生态系统碳循环的贡献和影响。

微球内的有机化合物与无机化合物形成了通过化学反应相互关联的独立体，是原核细胞的雏形，包括细菌和"古细菌"。这些细胞具有细胞膜、遗传物质和基本的代谢途径，但没有膜包裹的细胞器。

内共生学说认为，线粒体的内共生是真核细胞形成的关键步骤之一。线粒体（细胞的能量工厂）起源于一个原核细胞与另一个能够进行有氧呼吸的细胞的内共生关系。这种内共生关系使得宿主细胞能够更有效地利用能量。

 知识链接

内共生学说是一种关于真核细胞起源的重要假说，它主要解释了真核细胞中线粒体和叶绿体的起源。

1. 起源与发展

内共生学说的起源可以追溯到 19 世纪末和 20 世纪初。1970 年，美国生物学家琳·马古利斯在《真核细胞的起源》一书中正式提出了"内共生学说"，详细阐述了这一假说。随着研究的深入，内共生学说逐渐被广泛接受，并成为生物学领域中的一个重要理论。

2. 主要观点

（1）线粒体的起源：线粒体起源于一种好氧性细菌（很可能是接近于立克次体的变形菌门细菌），即原线粒体。当这种细菌被原始真核细胞吞噬后，就与宿主细胞间形成了互利的共生关系。

（2）叶绿体的起源：叶绿体起源于蓝藻（一种能进行光合作用的原始细菌）。蓝藻被原始真核细胞吞噬后，经过共生演化形成了叶绿体。

细胞核的出现标志着真核细胞的形成。随着时间的推移，细胞器的分化、多细胞生物的出现、复杂生物体的形成及持续的演化与适应，使得地球上出现了形式多样的生命。

因此，蛋白质、核酸、糖、脂质是四类重要的生物分子。本书第二讲将以糖为例，专门讲解如何从化学的视角来研究生命。

结合资料和分子球棍模型，画出以下小分子的结构式。

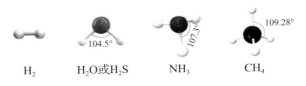

| H_2 | H_2O或H_2S | NH_3 | CH_4 |

【资料】结构式是用元素符号和短线"—"表示分子中原子

的排列顺序和成键方式的式子。结构式只能表示分子中原子的连接顺序，不能表示分子的真实空间结构。将结构式中表示单键的短线"—"省略后的式子称为结构简式。

例如：甲烷的结构式为 $H-\underset{\underset{H}{|}}{\overset{\overset{H}{|}}{C}}-H$。

⠿ **作业设计**

1. 以图文并茂的形式呈现地球生命的起源过程（可以针对其中一种假说进行描述，也可以对多种假说进行整理概括）。图片可以是电子手绘简笔画（推荐），也可以是网络图片。

注意：需要对图片内容进行简要的文字描述，方便其他同学了解你的想法。

2. 未来生命会发生怎样的变化？是否包括进化和退化？请说明变化，并解释预计发生此种变化的原因。

3. 蛋白质、核酸等生物大分子既是构筑生物体的结构物质，也是执行生命活动的功能单元。人体就是由它们组成的一台精密复杂的生物机器，甚至它们的分子本身就是一架架结构精巧、功能神奇的分子机器。请阐述生物体中令你印象深刻的结构与功能相适应的实例（可以以多种形式呈现，如文字、自制的视频等）。

第二讲

糖的生物化学

⠿ 一、什么是糖

提到糖，我们一般首先会想到各种糖果，还会联想到甜的味道。进一步，我们可能会意识到糖吃多了所带来的苦恼，比如肥胖、蛀牙，甚至会联想到低血糖、糖尿病等一系列与糖有关的症状与疾病。

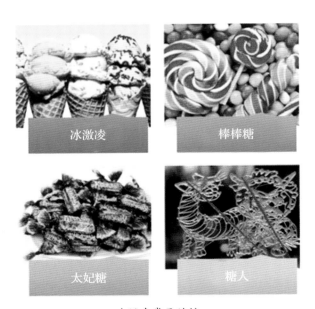

生活中常见的糖

然而，从化学角度来看，糖远远不止是具有甜味这么简单。那么，在化学中如何定义糖呢？在有机化学中，糖被描述为含有多羟基的醛类或酮类化合物。例如，葡萄糖是一个含有一个醛基和五个羟基的直链型分子。我们平时所说的血糖水平，指的就是血液中葡萄糖的浓度。

值得注意的是，葡萄糖的几个羟基在三维空间中具有特定的朝向（立体化学信息），这些朝向如果发生改变，这个分子就不再是葡萄糖。换句话说，这些朝向确定了葡萄糖的身份。那么问题来了，如何在纸面上简单表示出分子的三维空间结构呢？在有机化学中，往往使用费歇尔（Fischer）投影式来表示糖分子中不同羟基的朝向。通过用横竖的线条分别表示糖分子的碳原子链和其上所连接的羟基，即可准确展示葡萄糖分子的结构。

知 识 链 接

费歇尔（Fischer）投影式是由德国化学家赫尔曼·埃米尔·费歇尔于 1891 年首次提出的一种用二维图象和平面式子表示三维分子立体结构的重要方法。该方法可较方便地表示含有手性碳原子的糖分子和氨基酸分子。其实现步骤如下：①将碳链竖立起来，并将氧化态较高的碳原子放置在上端；②按照"横前竖后"的原则，与手性碳原子相连的两个横键朝前方延伸，而两个竖键则朝后方延伸；③横线和竖线的交点代表手性碳原子。

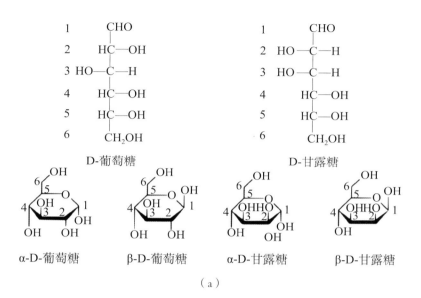

（a）

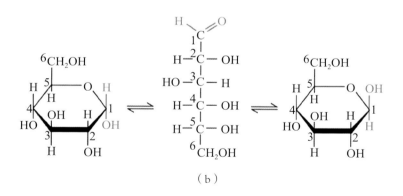

（b）

葡萄糖的化学结构

　　在水溶液中，葡萄糖的链状分子可以首尾相接形成环状结构。用有机化学的语言描述就是：位于 5 号碳原子上的羟基去进攻 1 号羰基碳原子，形成一个半缩醛产物。根据半缩醛产物新产生的羟基在立体化学上的差异，可将葡萄糖的结构分为 α 和 β 两种不同的形式。

　　除了葡萄糖，其他的多羟基醛类和酮类化合物也属于糖的范畴。并且与葡萄糖类似，这些糖也可以形成环状结构，称为糖环。我们日常食用的白砂糖，其化学成分是蔗糖。蔗糖也具有糖环的结构，但与之前提到的葡萄糖所不同的是，蔗糖含有两个糖环。蔗糖其实是由葡萄糖和果糖这两种含有单一糖环的化合物连接在一起形成的二糖。这种连接是通过两个分子间脱水缩合形成的糖苷键实现的。

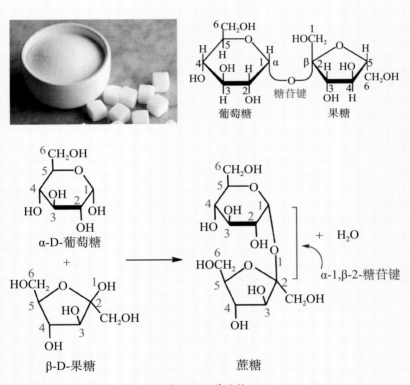

蔗糖的化学结构

　　上文提到的葡萄糖和蔗糖虽然能够提供甜的味道，但是如果摄入过多，会导致体重增加和蛀牙。如果你热爱甜食，那么是否存在替代的选择呢？答案是肯定的。现在，生活中广泛存在着各种各样的甜味剂。下图展示了几种甜味剂的结构，括号中的数字表示它们的相对甜度。

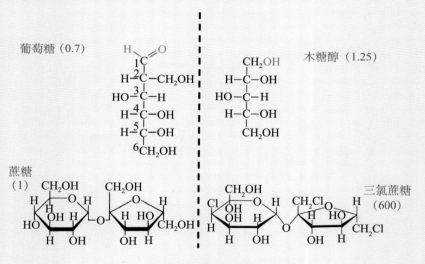

几种甜味剂的结构

 延伸阅读

甜的物质都是糖吗？

甜是一种很美妙的感觉。甜度的检测通常用蔗糖作为参照物，一般以 5% 或 10% 的蔗糖水溶液在 20 ℃ 时的甜度为 1，果糖的相对甜度几乎是蔗糖的两倍，其他天然糖的相对甜度均小于蔗糖。某些糖、糖醇及其他甜味剂的相对甜度见下表。

某些糖、糖醇及其他甜味剂的相对甜度

名称	相对甜度	名称	相对甜度
乳糖	0.16	蔗糖	1
半乳糖	0.3	木糖醇	1.25
麦芽糖	0.35	转化糖	1.5
山梨醇	0.4	果糖	1.75
木糖	0.45	天冬苯丙二肽	150
甘露醇	0.5	蛇菊苷	300
葡萄糖	0.7	糖精	500
麦芽糖醇	0.9	应乐果甜蛋白	200

注：表中山梨醇、甘露醇、麦芽糖醇、木糖醇、天冬苯丙二肽、糖精、应乐果甜蛋白等为非糖物质。

木糖醇是由木糖（五碳四羟基醛）还原产生的糖醇，其1号位由醛基变为羟基。木糖醇与葡萄糖（六碳五羟基醛）的化学结构非常相似，例如，木糖醇的羟基朝向与葡萄糖一致。这种在化学结构上的相似性，使木糖醇能够代替葡萄糖在感官上引发甜味的效应。

然而，木糖醇与葡萄糖毕竟属于不同类型的化合物，在口香糖中添加的木糖醇难以被口腔中的细菌吸收和代谢，即难以为这些细菌提供能量，因此不会引发蛀牙。此外，咀嚼木糖醇能促进唾液分泌，可以起到清洁口腔的作用。

除了木糖醇，常用的甜味剂还包括三氯蔗糖。从名称上就可以看出，三氯蔗糖和蔗糖的结构很相似。实际上，三氯蔗糖是将蔗糖中的 3 个羟基替换为 3 个氯原子。然而，令人意外的是，三氯蔗糖的甜度是蔗糖的 600 倍。通过这些例子，我们可以看出：在化学结构上相似的物质往往也具有相似的生物学功能。

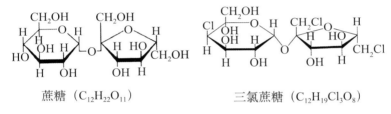

蔗糖（$C_{12}H_{22}O_{11}$）　　　三氯蔗糖（$C_{12}H_{19}Cl_3O_8$）

三氯蔗糖的化学结构

知识链接

三氯蔗糖是指蔗糖分子上的 4-、1'-、6'-位羟基被氯原子取代制得的化合物，又称蔗糖素、蔗糖精。三氯蔗糖的化学名称为 4,1',6'-三氯-4,1',6'-三脱氧半乳型蔗糖，分子式为 $C_{12}H_{19}Cl_3O_8$，相对分子质量为 397.64；通常为白色粉末状产品，极易溶于水和乙醇，且溶液热稳定性好；性质稳定，化学稳定性高；甜味特性与蔗糖类似，甜味纯正，但甜度为蔗糖的 600倍，是世界公认的强力甜味剂。

?₂ 想一想

葡萄糖与木糖醇都有甜味的原因。

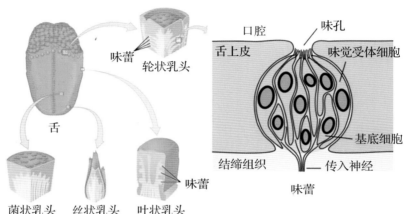

1963年，沙伦贝格提出 AH-B 理论，即甜味分子上要同时拥有氢供基 AH（如羟基、氨基等）与氢受基 B（如氧原子、氮原子等），AH 基团的 H 与 B 的距离为 0.25～0.4 nm[1]，甜味分子的 AH-B 单元与甜味受体的 AH-B 单元相作用产生甜味感。

―――――――――

[1] 1 nm=10^{-9} m。

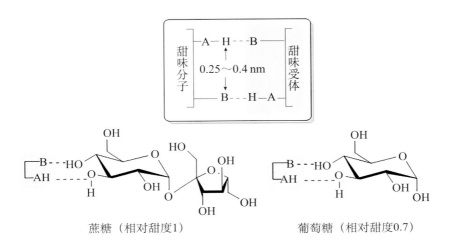

蔗糖（相对甜度1）　　　　　　　葡萄糖（相对甜度0.7）

推测甜味受体可能具有如下表所示的结构特点。

甜味受体可能具有的结构特点

编号	A	B	C	D	E
结构	HO〜〜〜OH	HO〜〜OH（OH）	HO〜〜〜OH	（酮结构）	（羧基结构）
味道	不甜	甜	甜	不甜	不甜

　　因为葡萄糖分子和木糖醇分子中的相邻碳原子上均有羟基，其中一个羟基可以提供—OH作为氢键的供体，另一个羟基可以提供O作为氢键的受体，与舌头上的甜味受体中的B（强电负性原子）和连接在强电负性原子上的H原子形成双氢键结构，会触发甜味受体的构象变化，从而导致离子通道开放，允许阳离子进入细胞，进而产生电信号。这个电信号随后被传递给神经细胞，最终传递给大脑，使我们感觉到甜味。

　　除了与甜度相关之外，糖在生物学上还有着丰富的功能，并且其化学结构也多种多样。玉米籽中的淀粉和玉米叶中的纤维素都是典型的糖类化合物。

　　尽管从名称上看不出它们与糖有任何关系，但是从化学结构上看，淀粉和纤维素都是由葡萄糖单体串联形成长链，且通常是通过第一个碳和第四个碳形成的 1,4- 糖苷键进行连接。然而，淀粉和纤维素之间的主要区别在于它们的化学键朝向略有不同。淀粉中的键是 α-1,4- 糖苷键；而纤维素中的键是 β-1,4- 糖苷键。这种微小的化学键方向的改变，意味着

纤维素分子可以连接形成直链结构，因此非常适合用作一种坚固的材料。这也解释了为什么在自然界的生物圈中，纤维素作为最常见的有机化合物，在许多植物中广泛存在。植物的细胞壁主要由纤维素构成。

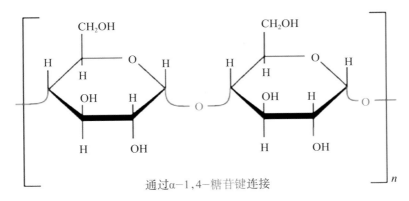

通过α-1,4-糖苷键连接

淀粉的化学结构

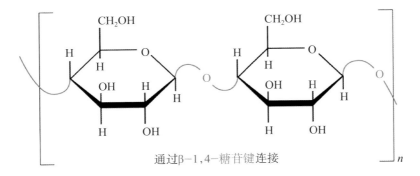

通过β-1,4-糖苷键连接

纤维素的化学结构

另一方面，淀粉中的 α-1,4- 糖苷键连接使得这个聚合物呈现螺旋形状。这种螺旋形状使淀粉成为一种适合储存能量的物质。此外，淀粉还能形成具有树枝形状的分支结构，这种淀粉称为"支链淀粉"，支链淀粉中的葡萄糖分子之间除了以 α-1,4- 糖苷键连接外，还有以 α-1,6- 糖苷键连接的，这是植物储存能量的主要方式。

人类之所以能够消化淀粉并从中摄取能量，是因为人体内含有淀粉酶，淀粉酶可以水解淀粉中的 α-1,4- 糖苷键。然而奇妙的是，生化反应具有高度的特异性，这类酶却无法处理 β-1,4- 糖苷键。因此，我们摄入的纤维素不能被降解为葡萄糖并提供能量。一些反刍动物，如牛、马和羊，通过在胃中寄生的大量细菌来完成这一转化，这些细菌分泌的酶可以水解 β-1,4- 糖苷键，从而为它们的宿主提供大量葡萄糖作为能量来源。

除了提供甜味和能量，糖还在许多意想不到的地方发挥作用。例如，糖结构也出现在了一些天然水凝胶材料中，比如硫酸软骨素和透明质酸。硫酸软骨素在我们的关节中起到了润滑和保护的作用；而透明质酸则常用于化妆产品中，起到保湿的作用。这两种化合物都是由糖环通过糖苷键连接成的聚合物，属于高分子化合物。

知识链接

水凝胶是一类极为亲水的三维网络结构凝胶，它在水中会迅速溶胀，并可以在溶胀状态保留大量的水而不溶解。

水凝胶根据胶凝剂材料又分为天然水凝胶和合成水凝胶。

（1）天然水凝胶通常是指天然高分子形成的水凝胶，主要有胶原、明胶、透明质酸盐和纤维蛋白等。天然水凝胶大多无毒，而且对机体的刺激性很小。

（2）合成水凝胶则是指通过人工合成的方法制备的水凝胶，它们通常是由高分子链作为主线框架，并且具有网络结构，能够包裹大量水形成凝胶。常见的合成水凝胶材料包括聚丙烯酰胺、聚丙烯酸及其衍生物、聚乙二醇、聚氧乙烯等。

天然水凝胶和合成水凝胶各有其独特的优点和应用领域。天然水凝胶具有良好的生物相容性和可降解性，适用于生物医学和生态环境等领域；而合成水凝胶则具有制备工艺简单、性能可调控等优点，适用于更广泛的工业领域和商业领域。在实际应用中，人们可以根据具体需求和条件选择合适的水凝胶材料。

想一想

判断下列选项是否属于糖的功能。如果是，请举出相应的实例。

（　　）（1）存储能量；

（　　）（2）催化作用；

（　　）（3）构成结构物质；

（　　）（4）参与细胞表面识别；

（　　）（5）信号传递、免疫应答；

（　　）（6）水凝胶材料。

硫酸软骨素中存在一个硫酸酯键，这也是其名称中"硫酸"一词的来源。而在透明质酸中，这个硫酸酯则变为羟基。除此之外，它们的化学结构基本相似。由于糖类化合物含有许多羟基，能与水形成复杂的氢键相互作用，因此糖类化合物具有很强的吸水性。

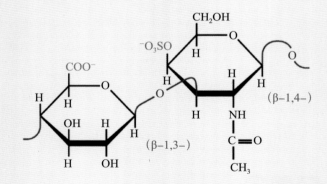

硫酸软骨素的化学结构

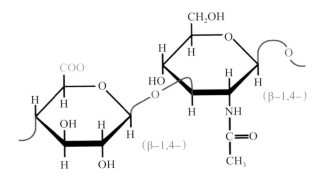

透明质酸的化学结构

想一想

什么是氢键？氢键形成的条件是什么？

在水分子中，H 以共价键与 O 结合。氧元素的电负性很大，在与 H 形成共价键时 O 强烈吸引共用电子，使之偏向自己，从而使自身带有部分负电荷，同时使 H 带有部分正电荷。当一个水分子中的这种 H 和另一个水分子中的 O 接近时，带有部分正电荷的 H 允许带有部分负电荷的 O 充分接近它，并产生静电作用形成氢键。氢键是一种常见的分子间作用力。氢键通常用 X—H⋯Y 表示，其中 X—H 表示 H 和 X 原子以共价键相结合。

在 X—H⋯Y 中，氢原子两边的 X 原子和 Y 原子所属元素通常具有较大的电负性和较小的原子半径，或者说，氢原子位于 X 原子和 Y 原子之间且 X 原子和 Y 原子具有强烈吸引电子的作用，氢键才能形成。当 X 原子和 Y 原子是位于元素周期表的右上角的元素的原子（如 N、O 和 F 等）时，更容易形成氢键。

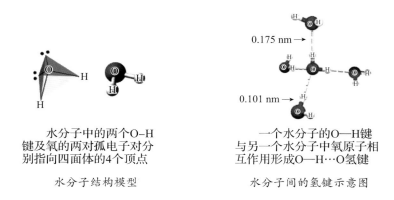

水分子中的两个O–H
键及氧的两对孤电子对分
别指向四面体的4个顶点

水分子结构模型

一个水分子的O—H键
与另一个水分子中氧原子相
互作用形成O—H…O氢键

水分子间的氢键示意图

二、糖与ABO血型系统

糖也与ABO血型系统有着密切的关系，ABO血型由血红细胞表面含有的寡糖结构决定。

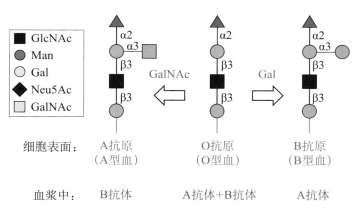

ABO血型由血红细胞表面含有的寡糖结构决定

 知识链接

寡糖是指由两个或多个（通常指2～10个）单糖通过糖苷键连接形成的分子。

糖类是继核酸、蛋白质之后的第三类重要的生物分子。除单糖外，糖类又分为寡糖和多糖。人类糖链中主要含有9种单糖结构单元，而植物、动物和微生物的糖链中共含有上百种单糖结构单元。由于单糖结构单元具有多样性，因此自然界中寡糖的序列复杂而多样，这也使得寡糖得以存储丰富的生物学信息，并发挥丰富的生物学功能。随着分子生物学、生物化学以及化学生物学等学科的飞速发展，人们不断认识到寡糖诸多重要的生物学功能。

在细胞膜表面存在一种短的聚糖结构，这里将其称为 O 型糖。如果基因中存在能够将 N– 乙酰半乳糖转移到 O 型糖上的酶，则会形成一个新的寡糖结构，这里将其称为 A 型糖。类似地，如果基因中存在能够将半乳糖转移到 O 型糖上的酶，则会形成另一个寡糖结构，这里将其称为 B 型糖。这些糖型可以作为细胞表面的抗原。

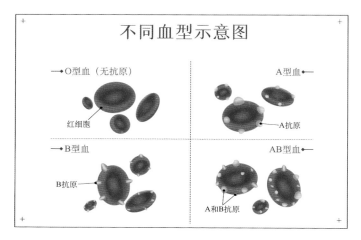

不同血型示意图

免疫系统发育的早期存在一个筛选机制，以防止识别自身抗原。因此，当血细胞表面含有 A 抗原或 B 抗原时，血浆中不会产生相应的抗体。如果某个人的基因中同时缺乏这两种糖基转移酶，那么 A 抗原和 B 抗原都不存在，这种情况对应的是 O 型血。O 型血的血细胞可安全输给其他血型的人。反过来，由于 AB 型血的人的血细胞表面同时含有 A 抗原和 B 抗原，其血浆中缺少 A、B 两种抗体，这样的人在接受来自 A 型血、B 型血或 O 型血的人输血时，不会引发其体内抗原、抗体的反应。

⠿ 三、糖与流感病毒

　　以上例子还说明，细胞表面的糖分子就像天线一样，能够促使细胞与外界进行沟通。这种糖分子可以用于细胞间的通信；也可以被病毒或其他有害物质当作抓手，用于入侵细胞，例如，某些病毒或毒素分子通过紧紧抓住细胞表面的特定类型的糖停留在细胞表面，最终实现入侵细胞的目的。流感病毒在细胞中完成复制后，从细胞中被释放的过程也涉及糖分子。在脱离细胞时，流感病毒需要利用神经氨酸酶切断与细胞的连接，以便侵染其他细胞。

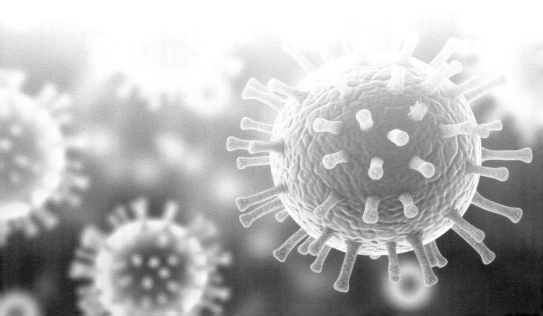

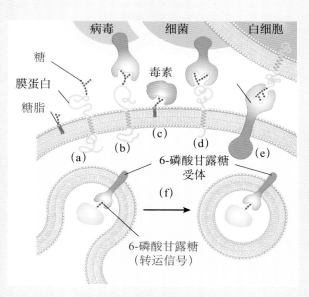

糖的生物学功能——细胞间通信

人类了解到这个机制后，相应地设计了一些药物来阻断神经氨酸酶的作用。尽管神经氨酸酶这一名称看起来和糖没有关系，但其实它的功能是催化糖苷键的水解。

知识链接

神经氨酸酶又称为"唾液酸酶"，是存在于流感病毒表面的一种糖蛋白。神经氨酸酶的抗原位点是划分甲型流感病毒亚型的主要依据之一。神经氨酸酶的活性可被特异性的抑制物或抗体抑制，从而丧失功能。流感病毒神经氨酸酶抑制剂就是根据该特点开发研制的一类新型抗流感病毒药物，对甲型流感病毒和乙型流感病毒均有抑制作用。

神经氨酸酶是一个呈蘑菇状的四聚体糖蛋白，具有水解唾液酸的活性。当成熟的流感病毒经出芽的方式脱离宿主细胞之后，病毒表面的血凝素会经由唾液酸受体与宿主的细胞膜保持联系，需要由神经氨酸酶将唾液酸水解，切断病毒与宿主细胞的最后联系，使病毒能顺利从宿主细胞中释放，继而感染下一个宿主细胞。神经氨酸酶可以催化唾液酸和半乳糖之间的糖苷键发生水解反应，使唾液酸从糖链上释放出来，破坏血凝素－受体之间的结合。

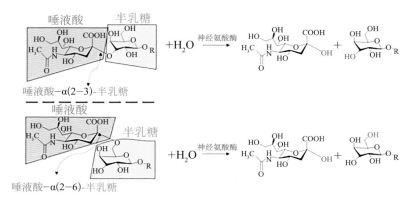

神经氨酸酶可以催化唾液酸和半乳糖之间的糖苷键发生水解反应

在理解了这一生物学机制后，化学家们就可以设计出专门结合在神经氨酸酶的活性口袋中的药物分子，从而抑制神经氨酸酶的活性。该药物的化学结构类似于一本倒扣的书，它模拟了糖环在催化过程中形成的中间体结构。这种药物被称为奥司他韦，是一种常用于抗击流感的药物。

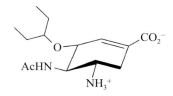

奥司他韦的化学结构

想一想

简要阐述流感病毒生活史中"糖"的作用。

引起流感的主要病原体为流感病毒，主要包括甲、乙、丙型流感病毒，在人群中流行的主要是甲型流感病毒和乙型流感病毒。其中，甲型流感病毒极易发生变异，主要原因是流感病毒表面两种糖蛋白［血凝素（HA）和神经氨酸酶（NA）］结构改变，尤其是 HA 基因突变可导致病毒毒力发生较大改变（糖蛋白的氨基酸残基上修饰有多个糖分子寡聚形成的糖链，其在分子识别中起到重要作用）。事实上，甲型流感病毒就是根据 HA 和 NA 的不同而分为不同亚型的，例如，H1N1、H3N2、H5N1、H7N9 等。

流感病毒结构自外而内可分为包膜、基质蛋白以及核心三部分。

病毒的核心包含了贮存病毒信息的遗传物质，以及复制这些信息所需的酶。流感病毒的遗传物质是单股负链 RNA，简写为 ss-RNA。ss-RNA 与核蛋白（NP）相结合，缠绕成核糖核蛋白体（RNP），以密度极高的形式存在。除了核糖核蛋白体，还有负责 RNA 转录的 RNA 多聚酶。

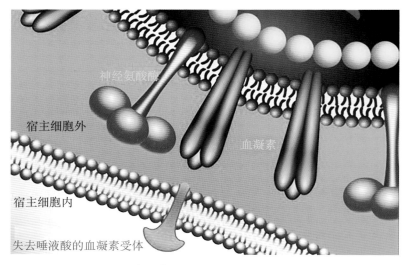

神经氨酸酶

宿主细胞外

血凝素

宿主细胞内

失去唾液酸的血凝素受体

流感病毒生活史中"糖"的作用

1. 血凝素

血凝素呈柱状，能与人、鸟、猪、豚鼠等动物红细胞表面的受体相结合引起凝血，故而被称作"血凝素"。血凝素蛋白水解后分为轻链和重链两部分，后者可以与宿主的细胞膜上的唾液酸受体相结合，前者则可以协助病毒包膜与宿主的细胞膜相互融合。血凝素在病毒导入宿主细胞的过程中扮演了重要角色。血凝素具有免疫原性，抗血凝素抗体可以中和流感病毒。

2. 包膜

包膜是指包裹在基质蛋白之外的一层磷脂双分子层膜，这层膜来源于宿主的细胞膜，成熟的流感病毒从宿主细胞出芽，将宿主的细胞膜包裹在自己身上之后脱离细胞，去感染下一个目标。包膜中除了含有磷脂分子之外，还有两种非常重要的糖蛋白：血凝素和神经氨酸酶。这两类糖蛋白突出病毒体外，长度为 10 ~ 40 nm，被称作"刺突"。一般一个流感病毒表面会分布有 500 个血凝素刺突和 100 个神经氨酸酶刺突。在甲型流感病毒中，血凝素和神经氨酸酶的抗原性会发生变化，这是区分病毒毒株亚型的依据。

3. 基质蛋白

基质蛋白构成了病毒的外壳骨架，实际上骨架中除了基质蛋白之外还有膜蛋白。膜蛋白具有离子通道和调节膜内 pH 值的作用，但数量很少。基质蛋白与病毒最外层的包膜紧密结合，起到保护病毒核心和维系病毒空间结构的作用。当流感病毒在宿主细胞内完成繁殖后，基质蛋白是分布在宿主的细胞膜内壁上的，成型的病毒核衣壳能够识别宿主的细胞膜上含有基质蛋白的部位，与之结合形成病毒结构，并以出芽的形式突出释放成熟病毒。

病毒的增殖大致分为吸附、穿入、脱壳、生物合成、装配与释放 5 个相互联系的阶段（在病毒识别宿主细胞和复制后从宿主细胞释放的过程中，病毒的血凝素和细胞的血凝素受体这两种糖蛋白通过唾液酸修饰完成识别）。病毒进入宿主细胞后造成感染，引起细胞突变。在病毒增殖的过程中，任何一个环节均可作为抗病毒治疗的分子靶，任何一个环节发生障碍都可能影响病毒的增殖。

::: 作业设计

1. 科学认识代糖。请查阅以下资料（同时欢迎大家进一步查阅文献），绘制（手绘或者用绘画板）宣传海报，向家人和同学科普代糖，引导大家科学认识代糖。

【资料1】物质的组成与结构决定物质的性质，性质决定用途，用途体现性质。在化学结构上相似的物质往往具有相似的生物学功能。如下图所示，请对比不同代糖与葡萄糖分子的结构，从结构的角度说明它们能够作为代糖的理由。（说明：省略有机化合物分子中的碳氢键、碳原子及与碳原子相连的氢原子，保留氮原子、氯原子等杂原子及与杂原子相连的氢原子，用短线表示分子中的碳碳键，每个端点或拐角处代表一个碳原子，用这种方式表示的结构简式称为键线式。）

葡萄糖　　　　　　　　　　　　　木糖醇

阿斯巴甜　　　　　　　　　　　　三氯蔗糖

【资料2】甜味是一种很美妙的感觉。请查阅资料，举例说明：甜的物质都是糖吗？糖都具有甜味吗？

2. 寻找"吃糖能让我们快乐"的科学真相。查阅资料，以图文并茂的形式呈现你的学习收获。图片可以是电子手绘简笔画（推荐），也可以是网络图片。

注意：需要对图片内容进行简要的文字描述，方便其他同学了解你的想法。

3. 从 2017 年开始，"轻食主义"简餐开始进入大众的视线。所谓的"轻食主义"，即低脂肪、低热量、少糖、少盐，但又富含膳食纤维和营养。人们应该在保证正常膳食结构和一定热量的前提下，追求简单、均衡、健康的饮食理念。

【问题1】请从"结构决定性质，性质决定用途"的角度，结合相关数据，说明一般高蛋白、高膳食纤维、低脂肪的餐食都能满足轻食所提倡的"低热量"的原因。

【问题2】"轻食主义"＝简单＋适量＋健康＋均衡。"轻的"不只是餐品，也是食用者在食用过程中的状态，即在无负担、无压力，身心放松的状态下去享受食物。请查阅资料，设计一份"轻食"简餐，并指出其中各营养物质的能量值。

【问题3】如果按照高膳食纤维、低脂肪的餐食标准给牧场里体重超标的牛羊（反刍动物）配餐，你认为是否可行？请说明你的理由。草食动物的蛋白质又是从何而来的呢？

4. 认识糖链在流感病毒（Influenza Virus，IV）侵袭细胞中的作用，以及抗病毒药物。

甲型流感病毒极易变异，在人、禽群中曾多次引起世界性大流行，是危害严重的人兽共患病病原。流感病毒的表面糖蛋白——血凝素和神经氨酸酶与宿主细胞表面受体的相互作用被认为是决定流感病毒感染性和传播能力的关键因素。其中，神经氨酸酶在流感病毒囊膜上的表达丰度仅次于血凝素，在帮助病毒脱离黏蛋白相关的诱饵受体、促进病毒从感染细胞中释放的过程中至关重要。

抗流感病毒的策略主要有两类：一类是靶向宿主，另一类是靶向病毒。其中，靶向病毒主要分为免疫治疗和化学治疗。化学治疗主要是利用一些小分子药物，靶向参与病毒感染、复制重要生命周期的重要的功能蛋白，如流感病毒的血凝素蛋白介导病毒的吸附过程，使神经氨酸酶介导病毒从靶细胞脱落释放到组织间隙中。

请查阅资料，简述糖链在流感病毒侵袭细胞中的作用，并解释抗病毒药物奥司他韦的作用机制，以及糖在其中扮演的角色。

第三讲

糖的化学生物学

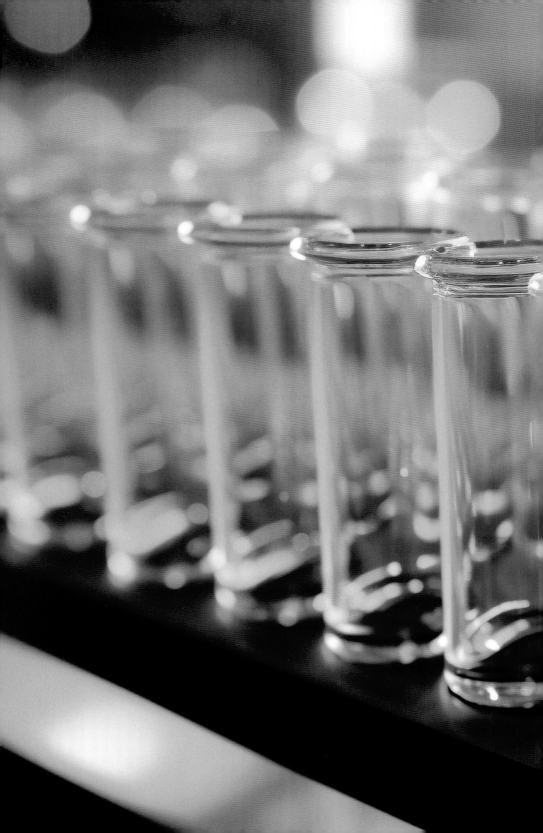

一、化学生物学

糖的分子结构极为复杂，其生物学过程存在多样性。做一个简单的计算，一个葡萄糖分子中有 4 个羟基位置可以发生改变，因此它有 2^4（16）种不同的化学结构，这仅仅是针对一个六碳糖的探讨。而糖的碳链长度可以是 3、4、5、6、7，甚至更多的变化。因此，从化学结构的角度看，糖是一类非常复杂的分子。然而，对于这类分子，传统的生物学研究手段往往无能为力。例如，生物学常采用的荧光蛋白示踪方法，由于糖分子非常微小，而一个荧光蛋白分子的大小大约为糖分子的 100 倍，因此无法使用巨大的荧光标签对小型糖分子进行标记和示踪。此外，由于糖具有很强的亲水性，目前也很难获得针对糖的高效抗体。因此，传统的生物学研究方法无法有效研究糖分子，这为化学生物学新技术的发展提供了机会，例如发展糖的探针。

知识链接

荧光蛋白示踪方法利用绿色荧光蛋白（GFP）、红色荧光蛋白（RFP）等荧光蛋白的独特荧光性和灵敏性，使得与荧光蛋白结合的细胞或蛋白质在显微镜下清晰可见，从而实现对细胞内蛋白的示踪。荧光蛋白示踪方法具有非侵入性、高灵敏度和高特异性的优点，广泛应用于细胞生物学、分子生物学和医学研究等领域。

化学生物学与生物化学最根本的区别在于，它所运用到的化学反应对于生物体而言是外源的、陌生的。化学生物学的重要使命之一是对原本在化学实验室中使用的反应进行改造，使之能够应用于生物体内部的研究。例如，利用化学手段，我们可以设计出一系列糖的探针，帮助我们标记和监测活体内糖分子的动态变化。

在化学专业的有机化学课程中，学生们会接触到一本名为《基础有机化学》的厚重教材，其中涵盖了大量的有机化学反应。然而，并非所有的化学反应都适用于生物体。要筛选出适用于生物体的化学反应，其中一条基本的原则是，化学反应要满足"常温、常压、水相、中性"的要求。

这是因为我们所熟悉的生命现象通常发生在正常的温度和大气压下，而那些需要高温条件或者低温条件才能进行的化学反应很难在生物体内发生。此外，大多数生物体内的反应发生在水溶液中，并且在接近中性（即 pH=7）的环境下进行，因此需要强酸催化或者需要使用大量有机溶剂才能进行的化学反应通常也不适用于生物体内的环境。

⠿ 二、生物正交反应

按照这样的标准对《基础有机化学》中涉及的反应进行筛选，可能只剩下薄薄的几页内容。然而，这些反应也并不能完全满足化学生物学的需要。因为它们还需要满足一个更重要的条件，即参与化学反应的两个官能团必须区别于细胞内天然存在的化学结构，而且彼此间还能够专一地互相识别和发生反应。例如，在细胞内大量存在着羧基（如脂肪酸）、氨基（如氨基酸）、羟基（如糖类）等官能团。如果我们设计的化学反应中用到了这些官能团，那么很难确保化学反应只发生在我们指定的两个官能团之间，而不是发生在这些官能团与细胞内天然存在的分子之间。这一反应被称为"生物正交反应"。真正满足这一条件的化学反应寥寥无几，但是用途却很大。利用这些生物正交反应，化学生物学家们发明了一系列糖的探针来帮助研究糖及其在生物体内的作用。

官能团是指决定有机化合物的化学性质的原子或原子团。常见的官能团包括羟基、羧基、醚键、醛基、羰基等。有机化学反应主要发生在官能团上，官能团对有机化合物的性质起决定作用。

常见的官能团的结构

羟基	羧基	醚键	醛基	羰基
—OH	$\overset{O}{\underset{\|}{—C—OH}}$	—O—	$\overset{O}{\underset{\|}{—C—H}}$	$\overset{O}{\underset{\|}{—C—}}$

这里，我们介绍一类重要的生物正交反应——点击化学反应。这个反应涉及两个官能团，分别是叠氮基和炔基。叠氮基的结构是由 3 个氮原子连成一条直线，而炔基的结构则是由两个碳原子之间形成的碳碳三键。这 5 个原子之间可以发生一种高效的化学反应，称为 1,3- 偶极环加成反应，从而形成一个非常稳定的五元氮杂环产物。这个反应可以作为一种良好的连接模式，高效地将两个分子连接在一起。

1. 生物正交反应

生物正交反应表示一个化学反应可以在生物背景下（如活

细胞、活体动物体内）独立进行，不对周围的生物体系产生影响，而生物体系中的各种各样的物质也不会对它产生干扰。

2. 1,3- 偶极环加成反应

1,3- 偶极环加成反应是指发生在 1,3- 偶极体和烯烃、炔烃或相应衍生物之间的环加成反应，反应产物是一个五元杂环化合物。烯烃类化合物在反应中称为"亲偶极体"。德国化学家罗尔夫·惠斯根首先广泛应用此类反应制取五元杂环化合物，因此它也称为"惠斯根反应"。

这类反应最早于 2000 年初被发现，当时是利用铜催化将叠氮基和炔基偶联到一起。这一反应的发现在化学历史上具有划时代的意义，描述这一反应的论文已被引用超过一万次。然而这类反应的缺点也很明显：催化反应所需的铜离子浓度较高，具有很强的细胞毒性。因此，后来有人对其进行了改进，通过将碳碳三键封装在一个具有八个原子构成的环中，形成环辛炔。由于在八元环中碳碳三键无法实现完全 $180°$ 的键角，形成了张力，提高了碳碳三键的能量，因此增强了其反应活性。当环辛炔与叠氮基反应时，不需要其他重金属离子催化，就能够自发发生反应。我们可以利用这个反应将一个带有荧光的分子和我们感兴趣的分子（如糖分子）连接在一起，实现荧光示踪的目的。

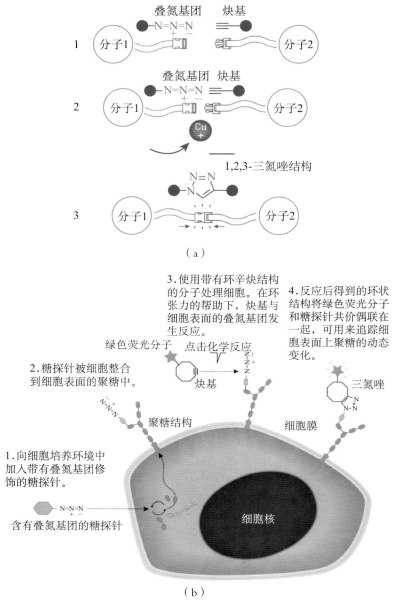

（a）

3.使用带有环辛炔结构的分子处理细胞。在环张力的帮助下，炔基与细胞表面的叠氮基团发生反应。

4.反应后得到的环状结构将绿色荧光分子和糖探针共价偶联在一起，可用来追踪细胞表面上聚糖的动态变化。

绿色荧光分子　点击化学反应

炔基

三氮唑

2.糖探针被细胞整合到细胞表面的聚糖中。

聚糖结构

细胞膜

1.向细胞培养环境中加入带有叠氮基团修饰的糖探针。

含有叠氮基团的糖探针

细胞核

（b）

点击化学反应

🦉 延伸阅读

（a）卡尔·巴里·夏普莱斯　（b）卡罗琳·贝尔托西　（c）莫滕·梅尔达尔

2022 年诺贝尔化学奖获得者

　　卡尔·巴里·夏普莱斯实验室发明的"一价铜催化的叠氮－炔基环加成反应"［Copper(I)-catalyzed Azide-Alkyne Cycloaddition，简称 CuAAC］，是最著名的点击化学反应。这个反应在常温、水溶液中就可以快速进行，一经提出便成为有机化学领域的明星反应。使用时一价铜催化剂由 $CuSO_4$ 溶液和维生素 C 反应现场制备。由于叠氮、炔基都是生物体内没有的基团，且其不会和核酸、蛋白质、糖、脂质等生命大分子反应，因此 CuAAC 反应也被生物学家广泛采用，成为初代生物正交反应。然而，由于该反应需要铜离子催化，其在活细胞研究（特别是神经生物学研究）中的使用受到较大限制。

卡罗琳·贝尔托西实验室开发的"环张力介导的叠氮–炔基环加成反应"（Strain-Promoted Azide-Alkyne Cycloaddition，简称 SPAAC），是体现"生物正交"反应理念的典型反应。这个反应相对 CuAAC 反应，利用了碳碳三键在八元环中的张力，实现了无铜催化反应条件下的快速反应，提升了其在活细胞乃至活体动物中的应用价值。

卡尔·巴里·夏普莱斯和莫滕·梅尔达尔开发了点击化学反应，利用炔基和叠氮这两个特殊的化学官能团，实现了高效、特异且条件温和的化学连接反应。

⠿ 三、糖探针荧光标记

接下来的关键问题是：如何在糖分子中引入叠氮基或者炔基官能团？我们以一项化学生物学研究的实例来进行介绍。这里还是要回到我们在导言中所看到的斑马鱼的胚胎发育过程。我们之前了解到，在斑马鱼的胚胎发育过程中，许多细胞发生了定向的迁移。在这个过程中，细胞之间需要进行特定的通信和交流，而这种交流通常是通过糖分子介导的。为了研究糖在活体胚胎发育中的作用，我们首先需要对其进行可视化观察。人们为此开发了一种糖探针工具，其基础是我们前面介绍的生物正交反应。

糖探针引入了 3 个氮原子所构成的叠氮基官能团，这使得分子具有生物正交反应的特性，从而可进行后续的荧光标记。然而，仅具备反应性还不够，这个分子还需要能够渗透进入胚胎组织并参与细胞代谢过程。由于细胞膜对亲水性物质通透性较低，糖分子因其含有大量羟基而以水合形式存在，难以通过细胞膜。为了解决这一问题，研究人员采用了乙酰化保护的方法，即对糖分子的 4 个羟基进行乙酰化处理（上图中 Ac 所表示的符号，代表的结构是 $CH_3CO—$）。乙酰化保护后的糖探针可以顺利穿过细胞膜。进入细胞后，在酯酶的作用下，乙酰基团得以脱除，从而恢复成原有的 4 个羟基。因此，真正发挥作用的糖探针与天然糖的主要区别在于叠氮基团的引入，这是一种将单一氢原子改变为 3 个氮原子的微小分子水平的操作。在实践层面，这种改造几乎不影响天然糖的功能，它仍然可以参与天然的代谢过程。

天然糖 糖探针

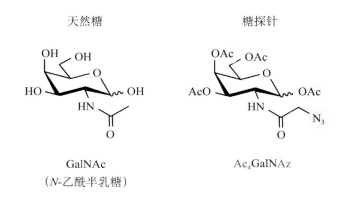

GalNAc
(*N*-乙酰半乳糖)

Ac₄GalNAz

天然糖与糖探针的结构差异

乙酰化就是在有机化合物分子中的氮、氧、碳原子上引入乙酰基 CH_3CO- 的反应，最常见的是组蛋白乙酰化。

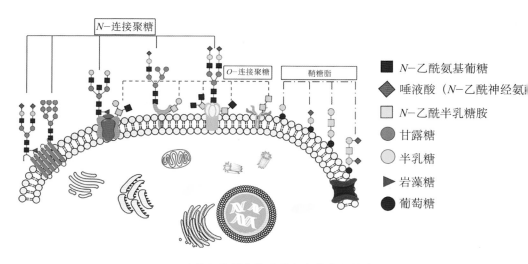

动物细胞膜上糖类的分布特点和规律

利用糖探针进行的标记反应通常分为两步：第一步是代谢标记，即糖探针进入细胞并参与代谢过程，类似于"间谍"潜入由许多糖分子组成的"军队"中，并代替原有的糖分子出现在糖基化的生物分子表面，如细胞膜表面；第二步是利用另一个含有炔基的荧光分子，使炔基与叠氮基发生 1,3- 偶极环加成的生物正交反应，将荧光分子修饰到糖上，从而实现对糖的荧光示踪。因此，这两步标记方法被分别称为"代谢标记"和"生物正交反应"。

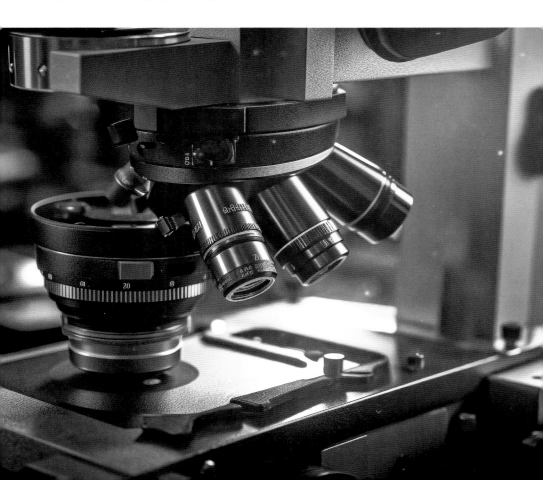

知识链接

糖基化是指在酶的控制下，蛋白质或脂质附加上糖类的过程，该过程起始于内质网，结束于高尔基体。在糖基转移酶的作用下，糖转移至蛋白质，和蛋白质上的氨基酸残基形成糖苷键。蛋白质经过糖基化作用，形成糖蛋白。糖基化起到修饰蛋白质的重要作用，可以调节蛋白质和帮助蛋白质折叠。

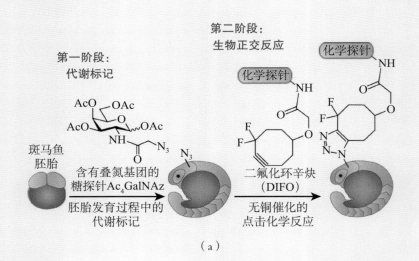

（a）

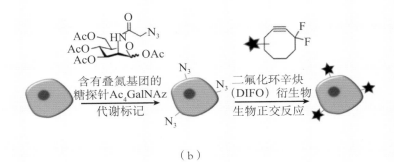

（b）

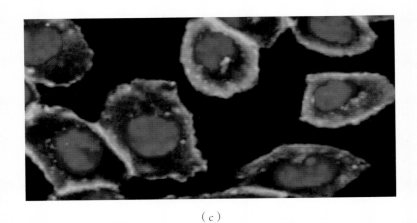

（c）

糖探针荧光示踪

　　我们能够利用荧光标记的糖探针研究糖分子在活的胚胎中的分布情况、在细胞内的定位，以及其在细胞内的转运速率。由于荧光显微镜具有强大的时间和空间分辨率，因此，我们能够接近单细胞水平地研究这些问题。这一系列技术最终有助于解释糖在胚胎发育过程中所扮演的重要角色。

知识链接

　　荧光显微镜是以短波长光源（如蓝光）照射被检物体，使之发出长波长荧光（如绿光），从而在显微镜下观察物体的形状及其所在位置。荧光显微镜用于研究细胞内物质的运输和分布等。荧光显微镜是对细胞中受紫外线照射后可发出荧光，或者使用荧光染料或荧光抗体染色后可发出荧光的物质进行定性和定量研究的重要工具之一。

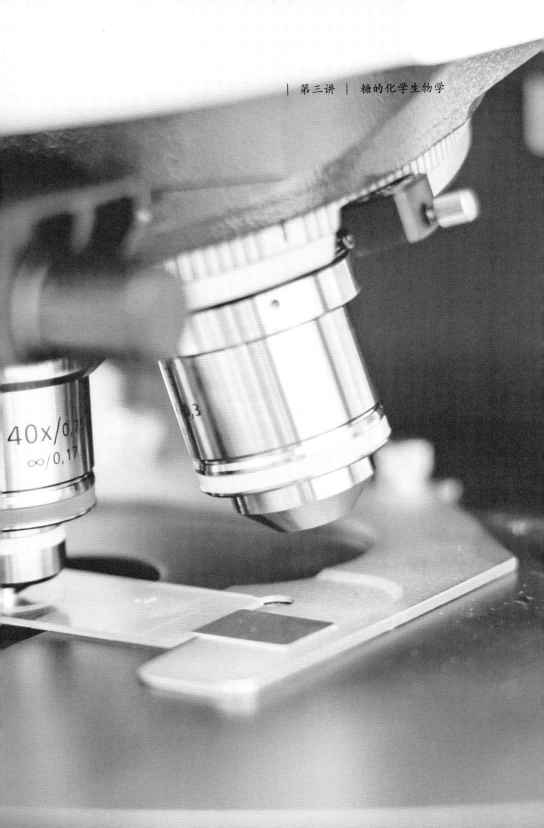

化学为我们理解生命现象提供了独特的视角，生命分子的化学结构与生物学功能之间存在着密切关联。化学生物学研究的蓬勃发展，使得原本只在试管和烧杯中进行的化学反应被引入到生物体内，用来构建化学探针等工具，帮助我们实现对生命过程的精准观测。

⁝⁝⁝ 四、生物正交反应的应用

通过前面的介绍，我们看到生物正交反应在化学生物学领域扮演着至关重要的角色。除了前面提及的在胚胎发育过程中对糖的研究之外，生物正交反应还能广泛应用于其他众多生物学过程的探索，其中就包括对大脑功能的探索。

大脑是我们人体内最为复杂的器官之一，尽管它仅占人体体重的 2%，却惊人地消耗了超过人体内 20% 的葡萄糖。尽管当前人工智能已在围棋领域超越了人类顶尖选手，但人工智能装备在芯片运行时所需的总能耗远超 1000 kW。相较之下，我们的大脑能耗仅为 20 W。大脑之所以如此强大，主要归功于其在空间和时间上展现的高度复杂性。在空间维度上，人类大脑由数量接近千亿的神经元构成，这些神经元之间通过上百万亿个突触连接，相互交织，形成一个个独立的计算单元。在时间维度上，神经元进行计算的基本语言被称为"动作电位"，这一过程发生在极短的毫秒时间尺度上。因此，为了深入理解大脑的功能，我们需要在高时间和空间分辨率的条件下观测其活动。

传统的研究手段遇到的技术瓶颈就是测量通量的限制。传统的研究手段主要依赖于膜片钳技术，该技术要求研究人员将一根玻璃电极极其精细地置于细胞膜上，以实现电极内液与细胞内溶液之间的电的联通。然而，这种操作不仅耗时耗力，还难以实现较高的观测通量。而更为严重的局限性体现在，该手段每次仅能观察一个位点，这极大地制约了其在研究电信号在细胞内部的传播过程及多细胞之间的时间和空间关联上的应用。

为了突破传统研究手段的技术瓶颈，科学家们提出了利用光学方法来研究细胞中的电活动。使用过数码相机的同学都知道，数码相机的每个像素都能作为独立的探测单元，从而实现极高的空间分辨率；同时，相机的高速成像能力提供了足够的时间分辨率，这使得光学方法能够替代传统单一电极的单点记录方式。然而，利用光学方法的研究面临的挑战在于如何有效地将细胞中微弱的电信号转化为可检测的光学信号。幸运的是，自然界中存在一类细胞膜蛋白质，它们具备电质变色的特性，即当跨越细胞膜两端的电场强度或方向发生变化时，其光吸收性质也会随之改变。正是基于这一特性，科学家们成功设计了光学探针，实现了对细胞电活动的灵敏观测。

研究人员在将小分子荧光染料以位点特异性的方式修饰到蛋白质的表面时，在技术上遇到了巨大障碍。由于蛋白质表面存在许多不同类型的氨基酸，它们的侧链上携带着氨基、羧基、羟基等不同的化学官能团，这使得小分子识别并进行特异性连接至不同化学官能团的位点变得异常复杂。为了解决这一难题，科学家们巧妙地运用了生物正交反应。他们首先将一个含有反式环辛烯结构的化学基团修饰到膜蛋白的表面上，它与先前提及的环辛炔略有不同，但两者的共同之处在于都具备一个充满张力的八元环结构，这种结构在化学反应中迫切希望在化学反应时释放其张力。

　　反式环辛烯与四嗪分子之间可以发生狄尔斯－阿尔德反
应，此过程中释放一分子氮气，并将两个分子片段偶联起来，
同时将原有的碳碳双键转化为碳碳单键，从而释放出反式环
辛烯中储存的能量。与先前一代的生物正交反应相比，这种
方法具有更高的催化效率和更低的细胞毒性，因此更适合在
复杂且脆弱的神经系统中进行化学反应标记。利用这一反应，
科学家们能够在活的神经细胞表面原位组装一个荧光膜电位
探针，并借助此探针在显微镜下直接观察细胞的电活动。

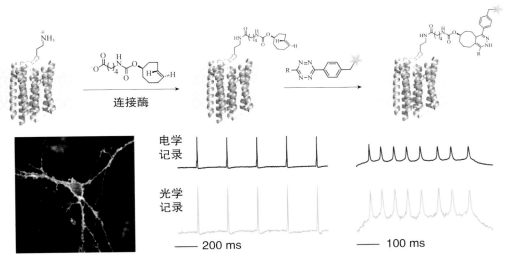

利用狄尔斯－阿尔德反应在活细胞原位构建荧光探针，检测神经元的动作
电位发放

科学家们将电极记录到的电活动与利用荧光探针记录到的信号进行对比，发现二者波形高度相似。这一发现使得神经科学家们在实验中能够摆脱对电极的依赖，转而采用光学方法来记录细胞的电信号。借助相机卓越的空间分辨能力，科学家们可以清晰地观察到电信号在神经元中的引发位置以及其在细胞内的完整传播过程。进一步地，我们还能在由多个神经元构成的环路中，研究电活动在时间和空间上的复杂关联。这些都是传统的基于电极的记录方法所难以实现的。

　　由于光学方法在通量测量上展现出了巨大优势，这些荧光探针还被进一步应用于评估药物对细胞的影响中。例如，荧光成像技术可被用来研究抗癫痫药物对神经元之间突触连接的传输效率的具体影响。这种方法不仅提升了实验的通量，

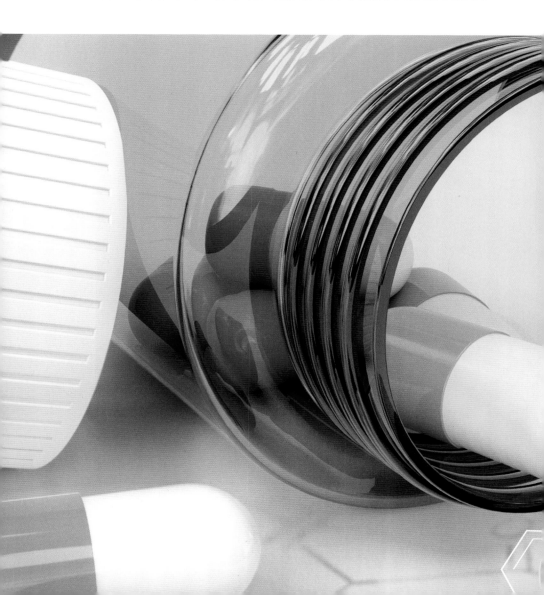

还提供了更高的空间和时间分辨率，使我们能够更全面地解析药物的作用机制。通过荧光探针，我们可以实时观察药物是如何改变神经元活动的，从而为药物研发及临床应用提供宝贵的参考依据。

希望通过这些知识的学习，同学们能够初步领略到化学与生命科学交叉融合的独特魅力，能够尝试着从化学的视角来看待这个纷繁复杂的生命世界，并且能够体会到化学结构与生物学功能之间存在着紧密的对应关系。化学反应不仅仅存在于实验室的瓶瓶罐罐中，不仅仅存在于工厂的高大设备中，它们也存在于一个个鲜活的生物体中。化学生物学通过发展化学工具和化学探针，使我们能够捕捉生命中的分子及其动态变化过程，从而实现对生命现象的精准观测。最后，期待同学们在未来有机会去探索这个奇妙的世界。

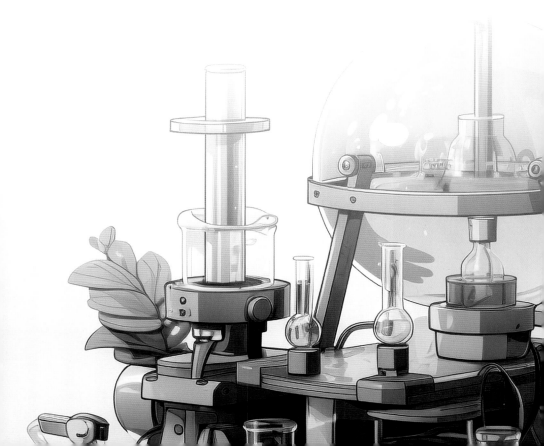

? 想一想

卡罗琳·贝尔托西、莫腾·梅尔达尔和卡尔·巴里·夏普莱斯因在点击化学和生物正交化学方面的贡献，共同获得了 2022 年诺贝尔化学奖。生物正交反应是指 3 个氮相连的叠氮化合物与含有碳碳三键的环辛炔之间无须催化剂催化即可快速连接在一起，这种反应对活细胞生命活动没有干扰和毒害。已知细胞表面的寡糖链可进行叠氮修饰，科学家借助该原理成功地实现用荧光基团标记来"点亮细胞"的目标，请写出操作思路。

解题思路：充分利用题中信息，找到"逻辑链条"的起点和终点，然后将中间环节补齐即可。

答案：先将细胞表面的寡糖链进行叠氮修饰，再将带有荧光基团的环辛炔与叠氮修饰的活细胞混合；静置片刻，洗脱未链接到细胞表面的带有荧光基团的环辛炔；最后，使用相关仪器检测细胞表面荧光。

生物科学史话

人类对通道蛋白的探索历程

在水和离子的跨膜运输中，通道蛋白发挥着重要作用。不过，认识到细胞膜中有通道蛋白却非易事。

水分子比较小，人们曾经认为它们可以自由穿过细胞膜的分子间隙而进出细胞。后来，有人发现，在动物肾脏内，水分子的跨膜运输速率远大于自由扩散的速率。1950年，科学家在对使用氢的同位素标记的水分子进行研究时，发现水分子通过细胞膜的速率高于通过人工膜的速率。此后，类似的实验结果不时公之于众。科学家由此推断细胞中存在特殊的输送水分子的通道，但是并没有真正鉴定出这个通道到底是由什么物质构成的。直到1988年，美国科学家彼得·阿格雷成功地将构成水通道的蛋白质分离出来，才证实了水通道蛋白的存在。在彼得·阿格雷发表相关研究成果之后，许多科学家开展了对细胞膜上水通道蛋白的研究，相继获得了丰硕成果。目前，人们已经从细菌、酵母、植物、动物的细胞中分离出多种水通道蛋白。在人类细胞中已发现了13种水通道蛋白，如肾小球的滤过作用和肾小管的重吸收作用，都与水通道蛋白的结构和功能有直接关系。在拟南芥的细胞中已发现35种水通道蛋白。

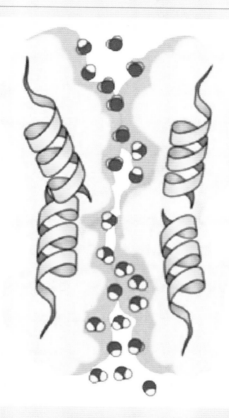

水通道蛋白的结构模式图

钾离子、钠离子、钙离子等是细胞生活必需的无机离子，但这些无机离子带有电荷，不能通过自由扩散穿过磷脂双分子层。这些物质是通过细胞膜上的离子通道进行运输的。当然，这一认识并不是自古就有，而是到 20 世纪末才逐渐变得清晰起来的。

　　20 世纪 60 年代，科学家发现在植物细胞中存在钾离子的通道。但是由于缺乏有效的研究工具，人们仍然无法确证这一观点。1976 年，德国科学家厄温·内尔和伯特·萨克曼创造了研究单个离子通道电生理学特征的膜片钳法（他们因这一发明获得了 1991 年的诺贝尔生理学或医学奖），为离子通道的研究提供了有效的工具。20 世纪 80 年代，科学家从蚕豆的保卫细胞中检测出钾离子的通道。不过，这时人们仍然不清楚离子通道的结构。直到 1998 年，美国科学家罗德里克·麦金农才解析了钾离子通道蛋白的立体结构。2003 年 10 月 8 日，彼得·阿格雷和罗德里克·麦金农共同获得了诺贝尔化学奖。

　　与此同时，许多科学家前赴后继，进一步解析了钙离子、钠离子等离子的通道蛋白结构。目前，仍有众多的科学家在开展通道蛋白的研究，旨在进一步揭示通道蛋白的作用机制，探索调控通道蛋白的药物，以治疗疾病，维护人类健康。

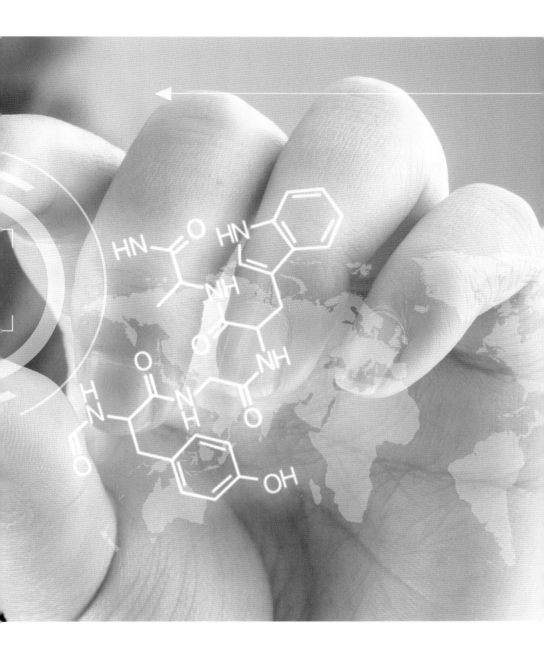

思考题

图1为人的红细胞膜中磷脂的分布情况。图2为人的红细胞表面抗原结构示意图，该抗原是一种特定的糖蛋白，图中数字表示氨基酸序号。

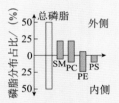

SM−鞘磷脂；PC−磷脂酰胆碱；PE−磷脂酰乙醇胺；PS−磷脂酰丝氨酸。

图1　人的红细胞膜中磷脂的分布情况

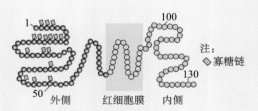

图2　人的红细胞表面抗原结构示意图

（1）与糖蛋白的元素组成相比，磷脂特有的元素为_____。根据图1可知，人的红细胞膜上的SM（鞘磷脂）和PC（磷脂酰胆碱）多分布在膜的_____侧，而PE（磷脂酰乙醇胺）和PS（磷脂酰丝氨酸）则相反。磷脂分子可以侧向自由移动，与细胞膜的结构具有一定的_____有关。

（2）红细胞膜的基本支架是_____，图2所示抗原_____于整个基本支架。该抗原含有_____个肽键，连接到蛋白质分子上的寡糖链的分布特点是_____。

参考答案

（1）P／磷　外　流动性

（2）磷脂双分子层　贯穿　130　仅分布于细胞膜外侧

⠿ 作业设计

1. 生物正交反应的定义和特征及其在与生命活动相关的研究中的应用。

【问题1】请用文字或图文并茂（推荐）的形式说明生物正交反应标记生物分子成像的原理，并谈谈与最早的生物正交反应相比，其2.0版本、3.0版本最大的进步体现在哪里？其意义是什么？

【问题2】生物正交反应（如点击化学反应）在生物体系的标记和功能调控方面具有重要应用。请查阅资料，具体说明生物正交反应在与生命活动相关的研究中的应用。

2. 走近自我繁衍的活体机器人。

机器人不仅"有生命"还能"生孩子"？美国有线电视新闻网曾报道称，美国科学家研究发现，被称为全球首个"活体机器人"的"异形机器人"可以进行自我繁衍。报道称，这种"异形机器人"不同于传统意义上的机械装置机器人，其本质仍是生物体，它是由青蛙胚胎中提取的干细胞培植而成，长度不到1 mm，但比微生物大得多。起初，这种机器人无法实现"系统性繁殖"，但是研究人员在引入人工智能技术，并进行大量计算推演后，发现了适合"异形机器人"

自我复制的繁衍方式。这一研究结果发表在《美国科学院院报》上，创造出该机器人的美国科学家邦加德表示："只要有了正确设计，它们就会自发进行复制。"该研究一经发表便引发争议，有网友表达了对未来的担忧。邦加德回应称，这些"异形机器人"目前都存放在实验室中，很容易被销毁。【环球时报记者 甄翔 2021 年 12 月 1 日发布】

　　请查阅以下资料，并结合本书内容回答下列问题。

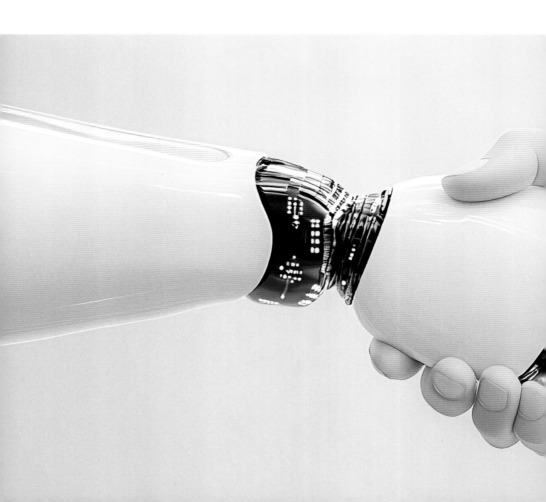

【资料1】2001年，诺贝尔生理学或医学奖获得者保罗·纳斯在他的新书《生命是什么？》中指出：生命的深层结构指的是细胞或有机体这样的基本单元，它们能够自我繁殖，并允许微小的变异。繁殖与变异共同通过自然选择推动物种的演化，从而形成多样化的生物种群。它们不仅能够在变化的环境中存活，还能够利用新的机会。那些成功适应环境的单元就能继续繁殖后代。

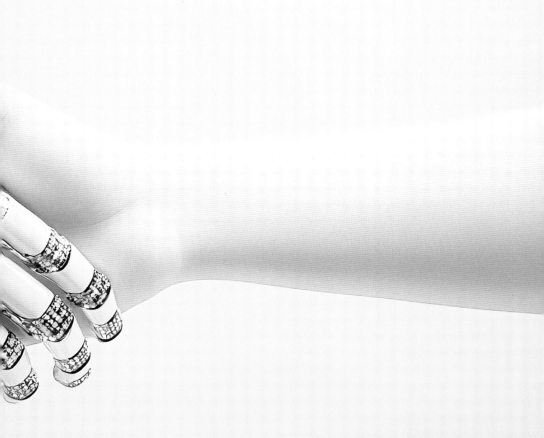

【资料 2】生物自组织是指生物本身的一种自我组织、自我构建，其与自然环境的诱导作用紧密相连。生物自组织反映的是生物自身在其演化中的作用。生命是自然选择塑造的信息，是物质的运动模式，其根本特征是自我制造。没有生命的粒子组合起来，成为生命信息的物质载体，并获得自我制造的能力，就变成了有生命的生物。在系统性上，生物是自我组织并自我制造的，只要保持信息的延续性即可。

【问题 1】基于该报道中的研究内容，谈谈你对活体机器人的理解。

【问题 2】处于初期的"多细胞活体生物机器人"项目，就像 20 世纪 40 年代刚开发出的计算机，似乎没有任何实际的应用价值。请简要说明这种分子生物学和人工智能的结合可能会被应用于哪些方面，并提供理论依据。

北大附中简介

北京大学附属中学（简称北大附中）创办于 1960 年，作为北京市示范高中，是北京大学四级火箭（小学－中学－大学－研究生院）培养体系的重要组成部分，同时也是北京大学基础教育研究实践和后备人才培养基地。建校之初，学校从北京大学各院系抽调青年教师组成附中教师队伍，一直以来秉承了北京大学爱国、进步、民主、科学的优良传统，大力培育勤奋、严谨、求实、创新的优良学风。

60 多年的办学历史和经验凝炼了北大附中的培养目标：致力于培养具有家国情怀、国际视野和面向未来的新时代领军人才。他们健康自信、尊重自然，善于学习、勇于创新，既能在生活中关爱他人，又能热忱服务社会和国家发展。

北大附中在初中教育阶段坚持"五育并举、全面发展"的目标，在做好学段进阶的同时，以开拓创新的智慧和勇气打造出"重视基础，多元发展，全面提高素质"的办学特色。初中部致力于探索减负增效的教育教学模式，着眼于学校的高质量发展，在"双减"背景下深耕精品课堂，开设丰富多元的选修课、俱乐部及社团课程，创设学科实践、跨学科实践、综合实践活动等兼顾知识、能力、素养的学生实践学习课程体系，力争把学生培养成乐学、会学、善学的全面发展型人才。

北大附中在高中教育阶段创建学院制、书院制、选课制、走班制、导师制、学长制等多项教育教学组织和管理制度，开设丰富的综合实践和劳动教育课程，在推进艺术、技术、体育教育专业化的同时，不断探索跨学科科学教育的融合与创新。学校以"苦炼内功、提升品质、上好学年每一课"为主旨，坚持以学生为中心的自主学习模式，采取线上线下相结合的学习方式，不断开创国际化视野的国内高中教育新格局。

　　2023 年 4 月，在北京市科协和北京大学的大力支持下，北大附中科学技术协会成立，由三方共建的"科学教育研究基地"于同年落成。学校确立了"科学育人、全员参与、学科融合、协同发展"的科学教育指导思想，由学校科学教育中心统筹全校及集团各分校科学教育资源，构建初高贯通、大中协同的科学教育体系，建设"融、汇、贯、通"的科学教育课程群，着力打造一支多学科融合的专业化科学教师队伍，立足中学生的创新素养培育，创设有趣、有价值、全员参与的科学课程和科技活动。